MATHEMATICIANS ARE PEOPLE, TOO
Stories from the Lives of Great Mathematicians

数学 我爱你
大数学家的故事

［美］ 吕塔·赖默尔（Luetta Reimer） 著
维尔贝特·赖默尔（Wilbert Reimer）

欧阳绛 译

哈尔滨工业大学出版社

图书在版编目(CIP)数据

数学 我爱你/(美)赖默尔(Reimer, L.),(美)赖默尔(Reimer, W.)著;欧阳绛译. —哈尔滨:哈尔滨工业大学出版社,2007.11(2022.8 重印)
ISBN 978-7-5603-2565-1

Ⅰ.数… Ⅱ.①赖…②赖…③欧… Ⅲ.数学家-生平事迹-世界-青少年读物 Ⅳ.K816.11-49

中国版本图书馆 CIP 数据核字(2007)第 107493 号

Simplified Chinese language edition published by Harbin Institute of Technology Press in arrangement with Pearson Education Asia Ltd., Copyright © 2007 by Pearson Education Inc. Authorized translation from the English language edition, entitled *Mathematicians Are People, Too*: *Stories from the Lives of Great Mathematicians*, Volume 1 (ISBN 0-86651-509-7) © 1990 by Pearson Education, Inc., publishing as Dale Seymour Publications, an imprint of Pearson Learning Group and *Mathematicians Are People, Too*: *Stories from the Lives of Great Mathematicians*, Volume 2 (ISBN 0-86651-823-1) © 1995 by Pearson Education, Inc., publishing as Dale Seymour Publications, an imprint of Pearson Learning Group.
All rights reserved. No part of this book may be reproduced or transmitted in any form or by any means, electronic or mechanical, including photocopying, recording or by any information storage retrieval system, without permission from Pearson Education, Inc.
This book is authorized for sale in the People's Republic of China only.

版权登记号 黑版贸审字 08-2007-063 号

策划编辑	刘培杰 孙 杰
责任编辑	李广鑫
封面设计	卞秉利
出版发行	哈尔滨工业大学出版社
社　　址	哈尔滨市南岗区复华四道街 10 号 邮编 150006
传　　真	0451-86414749
网　　址	http://hitpress.hit.edu.cn
印　　刷	哈尔滨市节能印刷厂
开　　本	787mm×960mm 1/16 印张 16.5 字数 157 千字
版　　次	2008 年 1 月第 1 版 2022 年 8 月第 12 次印刷
书　　号	ISBN 978-7-5603-2565-1
定　　价	28.00 元

(如因印装质量问题影响阅读,我社负责调换)

目 录

1	第一回 希腊七贤第一人	泰勒斯
10	第二回 给学生报酬的老师	毕达哥拉斯
18	第三回 几何学中无捷径	欧几里得
26	第四回 专注——创造力的源泉	阿基米德
35	第五回 才华出众的学者	希帕提娅
43	第六回 有好运要分享	花拉子模
51	第七回 阿拉伯数字的倡导者	斐波纳契
59	第八回 是魔术师,还是数学家	纳皮尔
67	第九回 眼见了,还不相信	伽利略

75	第十回　爱沉思的学者	
		笛卡尔
83	第十一回　从业余爱好到白马王子	
		费马
91	第十二回　算术机的诞生	
		帕斯卡
99	第十三回　建立万有引力理论的人	
		牛顿
107	第十四回　眼不亮而心明	
		欧拉
115	第十五回　助人为乐的数学家	
		阿涅泽
123	第十六回　热心的天象观察者	
		班内克
131	第十七回　承认无知的教授	
		拉格朗日
139	第十八回　午夜数学	
		热曼
147	第十九回　数学王子	
		高斯
153	第二十回　X 和 Y 引人入胜	
		玛丽·萨默魏里

161	第二十一回	现代计算机之父
		巴贝奇
169	第二十二回	超前的天才
		阿贝尔
177	第二十三回	思想的火花永存
		伽罗瓦
185	第二十四回	计算机交响曲
		艾达·洛夫莱斯
193	第二十五回	墙纸上的功课
		柯瓦列夫斯卡娅
203	第二十六回	从指南针引出的问题
		爱因斯坦
211	第二十七回	为数学奋斗一生
		诺特
217	第二十八回	数是他最大的财富
		拉马努金
227	第二十九回	问题求解的引路人
		波利亚
237	编辑手记	

第一回　希腊七贤第一人

泰勒斯（Thales of Miletus）

约公元前625年,生于伊奥尼亚的米利都,约公元前547年卒。

自然哲学、数学、天文学。

吉萨沙漠,浩瀚无垠。基欧普金字塔洁白如玉,巍然屹立,指向蓝天。公元前六百年左右,仲夏时节,泰勒斯和他的同伴来到这里旅游。

"你们的左面是荒芜的吉萨大沙漠,右面是全埃及三座最宏伟的金字塔。"导游说。

两位希腊旅游者,毫无遮拦地站在烈日下斜视金字塔。太阳光是那样地强烈,致使他们难以睁大眼睛。他们对这威武雄壮的

景象,满怀敬畏之感。

米利都是地中海滨的一座小城,那里风景秀丽,气候宜人。生于米利都,长于米利都的泰勒斯,在这里看到的完全是另一个世界,真是大开眼界,心旷神怡。

导游继续说:"你们一定很想知道这座塔有多大吧?我告诉你们:这座金字塔底的每个边长为 518 腕尺①。"

$$518 \times 0.3248 = 24\,964 \text{ m}^2$$

$$12 \text{ 英亩} = 12 \times 4\,055 = 48\,660 \text{ m}^2$$

"金字塔有多高?"泰勒斯问了导游一个问题。

"我……我不知道,先生。"导游回答道。

"那么,你能为我找到答案吗?"

"先生,我没法知道,也没有人知道,它究竟有多高。这座金字塔是两千多年前修建的,而我今年只有十九岁。"

导游紧张慌乱地跑去问上级:该为这位好奇的希腊人做点什么?不久,几个导游聚在一起,争论不休,结论是:要想测量出基欧普金字塔的高是不可能的。即使有人能到塔顶上扔下一条绳子来量,测出的也只是它的斜线,而不是高。

"小伙子!"泰勒斯大声说,"用不着争论了,我已经算出来啦,如果有谁问你,你就告诉他,塔高是 329 腕尺。"

导游们瞠目结舌,在他们的心目中,泰勒斯是位本领高强的魔术师,他甚至能预测未来。

---

① 由于历史上的测量单位不一,这个数字不准确。查关于埃及旅游的资料,得知现在实际占地面积为 5.29 万平方米。

在那个时代,在公元前 600 年左右,人们常用迷信和神话解释自然和社会现象,导游们永远不会相信泰勒斯确定金字塔的高度,凭的是简单的观察和很少的一点几何学知识。但是,泰勒斯确实是这么做的。

泰勒斯和他的同伴围绕金字塔转了几圈,他突然注意到金字塔的影子和自己的影子,随着太阳逐渐低落而改变,而且每个影子仍然按比例变化着。泰勒斯知道自己的身高和自己影子的长,他还知道金字塔影子的长,只有金字塔的高是未知数,因为这四个数之间存在着比例关系,其中三个数已经找到了,泰勒斯就凭这些算出了要求的那个数:

$$\frac{\text{泰勒斯的高}}{\text{泰勒斯影子的长}} = \frac{\text{金字塔的高(未知)}}{\text{金字塔影子的长}}$$

关于泰勒斯发现金字塔高的消息,很快传遍整个埃及,人们都对他聪明过人感到惊讶。

实际上,解题是泰勒斯的一种嗜好。泰勒斯成长于米利都,并且以一名成功的商人而闻名;在街头巷尾,常有人把泰勒斯的故事作为谈话内容。

"泰勒斯,你认为做买卖时使用硬币,这个想法如何?"一天,一位经商的朋友问他。

"米罗,我认为这个想法很好。这也许会大大地促进商业的发展。"

"哼!硬币可以使交易变得容易,但是,这不意味着会有更多的交易。这个世界上,许许多多的穷人真够苦的,并且一旦生下来,就要一辈子受穷。"米罗说。

"米罗,不对。任何穷人,都能找到机会——只要你用头脑去思考。"

"哼,你认为你就那么机敏。为什么你不试试,用以改变你的经济状况?"米罗向他挑战。接着说:"我出外半年,等我回来时,你该向我显示你的富有了!"

"好!"泰勒斯说,"我将穿上漂亮的衣服,戴上珍贵的珠宝等你回来。"

泰勒斯立即行动起来,寻找发财的机会。不久,他看到希腊经济主要资源之一没有很好地利用。人们用橄榄油造肥皂、点油灯、做菜,还用来滋润皮肤。可是近几年来,分散在各地小的、饱经风霜的橄榄树产果很少。泰勒斯对橄榄园作了一番研究。他注意到：以前的情况是，橄榄树三四年为一个周期，到这年该丰收了。他向老农请教，发现了这个规律。

不久，泰勒斯抓紧时间与公众交往，到处收购榨油设备。当时人们急于出卖，谁愿意在院子里堆放无用的旧机械？！

当橄榄树开始结果时，泰勒斯垄断了该地区所有的榨油设备。正如他所预见：这年是橄榄的丰收年，树上结满了辛辣的果子。泰勒斯抓住机会，以高价租出榨油设备。在收获结束后，他赚够了去埃及旅行的全部费用，还剩下很多钱，可以向米罗显示富有。其实，泰勒斯对金钱并不真感兴趣。当收获过后，他以公平的价格卖回所有的榨油设备，而对于贫穷的农民甚至可以免费让他们使用。他的目的不是投入橄榄油贸易，而是证明人们能从观察模式（或规律）中作出预测而获利。

泰勒斯很喜欢旅行，并且研究天文学，有时，他还要为生活忙碌，靠近米利都的小山上有个盐矿，这是他收入的来源之一。每天，泰勒斯的工人们从矿中挖出盐来，装在袋子里，放在毛驴背上，让它们驮下山，送到市场去卖，在盐矿和城市之间，有一条小河，水不深，没有危险。但是，有一天，一头毛驴跌倒，落入水中。几天后，泰勒斯视察盐矿，工头向他报告了一件奇怪的事。

"赫脱（驴的名字）每次过河，它总是落入水中，损失了所驮的盐。但是，主人，我希望你不要调换它，它只是脚站不稳。"

"它的腿受了伤吗？"泰勒斯大声惊问："它是不是跛了？"

"主人，是有点奇怪。在到小河之前，上山、下山都走得好好的。我曾派不同的人照看它,没有谁发现什么问题。"

泰勒斯每遇到问题,总要思考,多问几个为什么？赶驴驮盐的事,他从未亲眼见过,这次他要看个究竟。

第二天,泰勒斯在河边等待这头驴的到达。他看到每头驴在过河时很小心地迈腿,可是赫脱一下水就下沉它的背,好长时间后,它才站直,摇摇头,跟上驴群。

"啊哈！"泰勒斯大喊:"我明白了！赫脱是懂得了水能减轻盐的重量。我来给它上一课,不要再让它驮盐了。"

次日,泰勒斯亲自赶赫脱。袋子里不装盐,而装上海绵。首先给它驮得比平常轻。它照往常一样,想在水中减轻重量。但这次驴感到奇怪:不但没有减轻,反而更重了。那是因为海绵里吸进了水。

这个"药方"用了几次后,赫脱才去掉了它的坏习惯。

泰勒斯自己没写过书,也没写过信。这些故事是伊索和柏拉图记载下来的。希腊儿童和全世界儿童都喜欢听关于泰勒斯的故事。泰勒斯是一位伟大而且有影响力的人物。

传说,泰勒斯预测过一次日食。日食是月亮处于太阳和地球之间,因为月亮挡住了太阳的光,天空突然变得和夜晚一样黑。那个时代,日食是神秘和可怕的。然而,有些学者认为:泰勒斯曾经和埃及人及占星家们一起研究过太阳的模型,他可能曾用过这些模型预测日食。当他预测此事时,梅德人和吕底亚人在打仗,打了有6年之久。他们对于泰勒斯的黑暗会降临的警告予以嘲笑；但是在公元前585年5月28日那天中午,世界突然无边黑暗。双方都被吓呆了,很快签订了和约。

　　对泰勒斯能用许多不同的形容词来描述,我们能说他是:思维活跃、善于创造、知识渊博、好奇心强和胸怀开阔的人。人们经常用于表述泰勒斯的一个词就是"第一":泰勒斯是"希腊七贤"的第一位(后世希腊人排列的);他是欧洲历史上的第一位哲学家和第一位数学家;他是使用演绎推理(逻辑的一种类型)解决问题的第一人;他是建议"将365天定为一年"的第一人;他还是讲述几何基本定理的第一人。

　　泰勒斯把他的一生奉献给了答复问题"为什么?"和"怎么办?"对科学和数学的发展有突出贡献。每次我们观察一个模型和预测一个结果时,都遵循他为我们提供的范例。

第二回　给学生报酬的老师

毕达哥拉斯(Pytagoras)

约公元前560年生于萨摩斯岛(Samos,小亚细亚西岸),

约公元前480年卒于梅塔蓬图姆(Metapontum,今意大利半岛南部塔兰托附近)。

哲学、数学、天文学、音乐理论。

"喂！小伙子,你过来！"

衣衫破旧的希腊男孩停了下来,他听见有人喊他,声音来自卖菜车的背后。

"喂,是我叫你。来我这里,我给你活儿干！"

这男孩叫菲罗克拉底。他看了看卖菜车的四周,有一个人正用殷切和善的眼光盯着他。

"要我为你做什么？"菲罗克拉底回答说,"你要明白我没钱买你的货！我只是一个贫穷的走街串巷找活干的男孩。无论雇我干

第二回 给学生报酬的老师

什么杂活,我都能干,都愿意干。"

"除了真理之外,我没有货可卖。"陌生人说,"难道你就不想学会它!"

菲罗克拉底搔头。他曾见过一些不一般的人,但是,这个人真是异乎寻常。

他两眼炯炯有神,而且态度十分友好。但是,真理?真理怎么能填饱肚子!

"朋友,我很抱歉!"菲罗克拉底答道,"我必须到街上找活儿干,这样,我的母亲、妹妹和我才能每天有饭吃。也许你能把真理卖给比我有钱的人。"

他拿起粗布工具袋,便很快招手告别。

"等一会儿,请等一会儿!"陌生人大声喊道,"请让我介绍一下我自己,我的名字叫毕达哥拉斯,出生于本地的萨摩斯岛。我曾去过米利都和埃及,曾经被捕过,还在巴比伦呆了七年之久。在旅行中,我学到了不少东西。小伙子!你会以激动的心情学习它们的!"

"我肯定会激动!但是,先生,你不明白我的处境。因为我没有钱,所以我必须干活儿,问题就这么简单!"

"好!"毕达哥拉斯说出了异乎寻常的优惠条件:"如果你愿意学,我会给你钱。在一般情况下,你干其他活挣多少钱,我就给你多少钱。"菲罗克拉底停了下来,沉思良久,被他不同寻常的条件吸引住了。"行了!我们明天就开始好吗?你明天来这儿等我,就在这条长凳上。"

菲罗克拉底觉得这位老师挺有意思。可是，他怕家里迫使他拒绝。最后，他决定试试看。心想如果不给报酬便离开他，回去再干原来的杂活，也不会有什么损失。

"好！一言为定，明天开始。但是，请你记住：我每天需要工资。"

第二天，这奇怪的一对，在约定的地方，开始了他们的第一课，周围是商人们的叫卖声、鱼腥味、烤糖饼的香味和驮货毛驴的汗臭味儿混合在一起。镇上的人们在做买卖，毕达哥拉斯和他的学生蹲在地上交谈。老师在地上认真画着图形，这对于菲罗克拉底来说，是那么的新奇和有趣。并且，正如他许诺的那样：在这天结束时，毕达哥拉斯给了他报酬。

就这样日复一日，菲罗克拉底每次学了新课，就得到三个小硬币，约值一便士。菲罗克拉底从这里赚的钱，比他给人家跑腿干杂活赚得多得多。他是一个好学生，并且生活很俭朴，很快就存下了一笔钱。

毕达哥拉斯喜欢这样的安排。有这么一位年轻人如饥似渴地沉浸于他的学术思想中，是令人高兴的。不幸的是菲罗克拉底学得太快，太好了，没过多久，毕达哥拉斯的钱就花光了。

"抱歉得很，告诉你，菲罗克拉底，今天是我的最后一课，我没钱给你工资了，你得另找谋生之路。"

"但是，毕达哥拉斯先生，现在，你可不能撇下我不教。"菲罗克拉底企求说，"我才学会算术，我还盼着您教我天文学和几何学呢！"

第二回　给学生报酬的老师

"小伙子……实在没有别的选择。"

菲罗克拉底低头沉思着,过了一会儿,他想出一个办法。

"我知道,您曾为我的学习支付报酬,现在,我为你的讲授支付报酬,总可以了吧!"

这样,在接下来的几个月中,他俩的教学活动照常进行。只不过,是学生给老师报酬。

课程完成时,毕达哥拉斯成了一位有经验的老师,菲罗克拉底也受到了良好的教育。

几年后毕达哥拉斯在克罗托内(希腊殖民地——南意大利)创办了一所真正的学校。这所学校名声很大,他曾唤醒人们对知识的渴求。有的人甚至认为毕达哥拉斯是神的化身或是阿波罗神之子。当他把一群有钱的学者召集到一起,组成学校时,得到的无疑是热情的支持。

毕达哥拉斯学校里的学生都是成年人,根据他们的文化水平分为两个班。一年级是旁听生,只能隔着帘子听他讲课;必须等学到一定程度,才有资格见到毕达哥拉斯本人,这就是二年级。

见到毕达哥拉斯本人,是每一个初学者所渴盼的事。毕达哥拉斯颇具演讲才能,他穿着像一个演员。在学生们等待毕达哥拉斯进来时先奏乐,最后帘子卷起来,他身着白色礼服,庄严地出现在学生的面前。他的腿用金带绑裹着,头上戴着镶金边的冠。人们在猜测:他的祖先是神。

毕达哥拉斯在沙盘上解数学题。教室准备一个很好的沙盘,旁边放着装有不同颜色沙子的罐子。当他想要显示一个几何图形的某部分时,为了让学生们容易明白,侍者就在那部分放上蓝的或绿的沙子。

毕达哥拉斯讲 mathemata 课 mathemata 的意思是:学习所有的事物和道理。因为毕达哥拉斯讲课的内容主要是算术和几何。所以,我们把它理解为:数学。他还讲授天文学和音乐,但是他深信宇宙万物依赖于数。毕达哥拉斯和他的追随者以"万物皆数"作为重要的格言。毕氏学派认为:如果谁理解了数,谁就把握了生活本身。

因为毕达哥拉斯和他的学生们深信:知识就是力量。他们热切地期望掌握知识。对他们得到的知识,他们保守秘密。这所学校是一个"秘密会社",要求每一个参加者许诺:不把他们的发现告

第二回 给学生报酬的老师

诉外人。如果谁告诉了别人,那他(或她)就会招来灾祸。

"你听说过希帕苏斯的事吗?"

这事传遍了克罗托内。

"我听说过。真可怕!只不过因为他泄露了会社的秘密。太过分了!"

"但是,上帝总是公正的。他不仅知道无理数的发现,还知道许多其他的事。之所以这么处理他,是怕他泄露更多的秘密。"

"他必定知道他会被毕氏会社开除的。也许他以为这是对他仅有的处罚。"

"我不明白,关于他被溺死有些疑点。他从船上落水那天是风平浪静的。"

人们常谈论这个秘密会社;有时,也称之为毕氏学派。当时,成年人的学校已很普及了,但是,这个集体有某些特殊的思想。它有自己的宗教程序(连同自己的那一套会社规矩和礼仪)。

会社的 300 名成员分成若干组,谁与谁联系均有约定。他们对动物持非同寻常的态度,因为他们相信:人死后,灵魂会转到某种动物的躯体上生存。他们素食,并且不穿羊毛织的衣服。谦逊是他们的一个准则。他们不用铁指火,认为火是真理的象征。他们不用手触摸白公鸡,认为白公鸡象征完善。他们每个成员都在衣服上佩带着五角星——这是他们神圣的徽章。

另一方面,这个会社却非同寻常地进步。在那个时代,女性被禁止参加任何一种公众集会。但是,毕达哥拉斯欢迎她们参加他的学校。当然,她们必须证明自己够得上一个女学生。尽管如此,一度被选入数学班的女生至少有二十八名。

因为毕氏学派的成员参与每一件事,所以难以区分:哪个是毕达哥拉斯本人的发现,哪个是他的追随者的发现。现代数学中不少由他奠基的工作。像在他之前的泰勒斯一样,毕达哥拉斯坚持数学证明。仅因为看到两个角相等,就说它们相等,是不够的,毕达哥拉斯最著名的工作是给出下列命题的第一个逻辑证明:

在直角三角形中,斜边上的正方形等于另两个边上的正方形的和。

设斜边为 c,另外两个边为 a 和 b,此定理的公式为

$$a^2 + b^2 = c^2$$

毕达哥拉斯还是把所有的数分为偶数和奇数的第一人。他们学会构造五种正则立体:其面都是同样的形状和大小,有正四面体、正六体面、正八面体、正十二面体和正二十面体。而且,正则的立体只有这五种。前两种以前就有,其余的都是他们构造出来的。

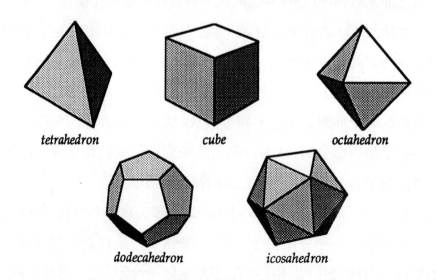

第二回　给学生报酬的老师

伟大的思想家,在他们所处的时代,总是不为人赏识的。毕氏学派常被人误解。他们的许多思想和实践,在他们的同胞看来,是怪异的。一些市民怀疑:毕氏学派企图推翻地区政府。毕氏学派的成员都比较有钱,市民们给毕氏学派定罪,是为了把他们弄穷。在大约公元前500年的一天,正当毕氏学派上课时,一群凶恶的暴徒,把他们的会议厅付之一炬。有人说他的学生架起了一座人桥,把毕达哥拉斯从火中救出。但是,当他到达一块豆地时,他宁愿让敌人捉住,也不践踏神圣的豆类植物。

此时,这个会社的书稿已传遍西西里和南意大利。若干年后,人们还继续讨论毕达哥拉斯讲述的思想。今天,所有学几何学和高等数学的学生们还在运用毕达哥拉斯提出的概念。在毕达哥拉斯死后,毕氏会社结束之后的很长时间,直到今天,人们对知识和真理的探求仍在继续。

第三回　几何学中无捷径

欧几里得（Euclid，拉丁文为 Wuclides 或 Eucleides）公元前 300 年前后活跃于古希腊文化中心亚历山大里亚。数学。

亚历克斯擦去石板上的画，甩着胳膊。他试着画星座，这已经是第三次了。最后画出来的狮子座不像狮子，倒像水鸟。

"够了！"他大声地叹息，"我不明白我为什么必须学这个？为什么我必须知道天上的星座像什么？如果我需要知道，我只要在夜晚到户外去看看就行了。我真想放弃这一切！"

他爷爷来看他的时候，从未忘记给孙子讲故事，尤其是培养道德素质的故事。

"亚历克斯，我问的那个问题是哪次讲的？"

"爷爷，"他气呼呼地说，"有成千上万次了。"

老人把他的凳子往前靠了靠，并且用手靠着耳朵。"什么？你大声点，你知道我没有过去那样的听力了。"他补充道，"但是，我记得那件事，仿佛就在昨天。"

没有给亚历克斯和他的弟弟泰奥恩以辩解的机会。爷爷想了想，又开始讲这个熟悉的故事。"让我想想……那是大约五十年前，也许是五十五年前的事。那时，我还年轻，比你稍大一点。我的父母认为我必须学习几何学，请来一位颇有众望的年轻人，他的名字叫欧几里得，给我做家庭教师。"

爷爷看了两个孩子一眼，低声地笑道："当然，我有另外的想法，为什么我该学数学？我想去田野里劳动，也许能训练成为一名石匠。又想我能为自己挣钱，且有更多的独立性。我还想去旅行，去看世界。"他停顿下来，以确知亚历克斯和泰奥恩在听。"当然，那种想法大错特错。我也希望你们两人能去任何地方，毕竟整个世界都有待于我们去开发。埃及是个好地方，但是，你们也需要去看看意大利和希腊，还有……"

忽然他的话中断了，并且用手搔了一下头，"我讲到哪里了？第一天见到这位家庭教师，我就犯了错误。欧几里得在认真地解释几何中最重要的定理。他问我有什么其他问题，你们能猜出我说什么吗？"

亚历克斯和泰奥恩很清楚他们的爷爷当时说的是什么，他们都会讲这个故事，简直倒背如流。但他们装作不知道，"爷爷，你说了什么？"他们异口同声地问。

第三回　几何学中无捷径

"我说:'我学这能得到什么?'没有等我知道将发生什么事,欧几里得折着他的手指发出响声,并且叫他的仆人给我三个便士。'这!'他说:'因为你想要从你学习的每条定理中得到利益,拿上这些钱吧!'这对他情感上的伤害,使我非常急促不安。请相信我,那天老师给我上了最重要的一课。"

亚历克斯和泰奥恩悄悄地取上他们的书包,试图走出房间。"谢谢爷爷,再见。"他们挥手。

"你俩等一等!"他叫住他们,"这个故事说明每个人应该有什么道德素质?"

这两个孩子彼此相视,并且一起背诵道:"永远不要问你学知识会得到什么,知识就是收获,这就足够了。"

爷爷放走了他们,他们立即疾走出门,走向回家的路。"咱们该去学习另一门功课,"泰奥恩责怪亚历克斯,"不要让爷爷再给我们讲那个故事了。"

亚历克斯大笑道:"是的!但是至少在他记起他的宴会之前我们走开了,不然我们要在那里呆上整整一个下午。"

虽然欧几里得已经逝世二十五年了,爷爷还是喜欢讲他的故事。他为与这位著名教师有师生之交而引以为自豪。欧几里得曾筹建并领导了亚历山大大学的数学系,爷爷每次讲到他,都感到快乐。欧几里得的地位很高,声望很大,还对许多杰出的学生产生过影响。学者们从世界各地来到这所大学学习,并且在其声明远播的图书馆从事研究。

爷爷已经告诉亚历克斯和泰奥恩这所著名大学是如何由埃及

国王托勒玫奠基的。托勒玫想要建一所有演讲厅和试验室的引人注目的大学,又想让学生能在美丽的校园中得到休息,还想建一座内容丰富的博物馆,特别是想在大学的中心建一座全世界最大的图书馆。

"托勒玫的计划在短时间内成为现实。"爷爷说,"在大学开学时,我就在那里跟欧几里得学习,图书馆里的藏书超过六十万册(全是纸草书)。这所大学和这座城市成为希腊文明的学术中心。"

这样一个宏伟的计划,没有国王的支持是不可能完成的。托勒玫不仅是一位好的领导者,而且是一位如饥似渴的学习者。因为他想从这所大学的专家学者那里吸取尽可能多的知识,他常常走访大学教授们,到他们家里与他们讨论,向他们学习。

"欧几里得是这样一位教授,"爷爷说,"他是一位仁慈、善良的人,并且是这所大学里热爱自己工作的和最为耐心的教师。他给他的学生们以快乐,而他们则以勤勉的学习报答他。然而他很快就发现用现有的课本教数学很困难。在那个时代,数学知识还很零乱,未被系统起来。学生们试图把紊乱的教材加以整理时,脑子里总是一团乱麻。他们为了弄明白一个概念与另一个概念的关系必须花费很多时间。"

欧几里得积累了丰富的数学资料之后,他便开始写《原本》,这部书有十三卷,被公认为世界历史上最著名的数学教材。在这部书中,欧几里得自己的创造性工作并不多,然而他认真地系统地整理了已被其他数学家发现和完成的每一条定理。

欧几里得的书震惊了世界。从没有一本书如此准确,如此富

第三回 几何学中无捷径

有逻辑。欧几里得一步一步地把读者引入毕达哥拉斯、希波克拉底、柏拉图和亚里士多德等伟大思想家的科学发现。事实上,他的《原本》作为全世界标准的数学课本超过了 2000 年之久。除圣经外没有其他书翻译成那么多种的语言,有那么多种版本,被人们作了那么多评注。

当亚历克斯和泰奥恩回到家中,母亲对他们说:"去请爷爷来和我们一块吃晚饭。"

"我们刚才就在那里,"泰奥恩解释道,"我们认为他也许会帮助我们弄明白天文学功课,但是他再一次给我们讲欧几里得的故事。如果他今天晚上来吃饭,"他劝说,"我们不要让他谈那个话题。"

那个黄昏,孩子们饭吃得很快,想在爷爷开始谈欧几里得之前就托辞离开。忽然,爷爷清了清嗓子,转向他们的母亲:"你知道我今天向孩子们讲到关于几何学……"

"爷爷!"亚历克斯插话,"我们在学习天文学,不是几何学。"

"噢,对的。"他点头,看来有点不悦。

"爷爷!您不要再添点饭?"泰奥恩提出,为的是填满老人的嘴,免得他再讲老掉牙的故事。

"孩子,谢谢你!"他说道。

"爷爷!您知道吗?这大米是中国产的,没有掺任何其他国家的大米。"亚历克斯赶紧插话。

"噢!是这样的吗!"他抓了抓了下颌,忽然,他的眼睛亮了一下,"托勒玫国王习惯于谈论周游世界,如果路能通的话,也许去中国了。我想起了我告诉过你们宴会上发生的事吗？在欧几里得把托勒玫国王安排在座位上之后。"

亚历克斯和泰奥恩承认失败。说什么也没法阻止爷爷讲他想讲的故事。他们彼此相视，坐回原来的椅子，他们不想听也只好听了。

"那天晚上仆人准备了丰盛的晚饭。"

"数百名社会上有声望有地位的人，穿上他们华丽的衣服，戴上手饰，为了纪念这所大学成立一周年，聚集在这里。欧几里得当然是最有荣誉的客人之一。"

"顺便说说，"爷爷低声笑着说，"我跟你们谈过欧几里得多么矮吗？"亚历克斯和泰奥恩微笑点头表示知道。

"然而，说到智力和道德，欧几里得是一位巨人！"爷爷大声地宣称。

他继续他的故事，眼睛闪闪发光。看来，他正期待着故事的下文：

"托勒玫国王站起来，向其他客人介绍欧几里得，然后，他举起他的高脚水晶杯祝酒。'欧几里得，我已经开始读你的几何书。'他说，'我赞扬你的优秀的著作。'许多人点头表示赞同。欧几里得鞠躬致谢，他总是那样谦逊和宁静。然后托勒玫转过身来面对欧几里得，并且把手放在这位数学家肩上，'但是你们知道我是一个很忙的人，管理这个王国要花费大量的时间。'"祖父欣赏那时的有趣情景。

"然而，托勒玫身为国王，犯了个错误。他问道：'欧几里得，理

第三回　几何学中无捷径

解数学有没有简捷的路?'"

亚历克斯和泰奥恩彼此相视,假装震惊。

"你能相信这吗?"爷爷高声喊,"他想要一条容易的路!"

爷爷震惊地摇头,仿佛国王和欧几里得就出现在他面前。于是他以平稳而坚定的声调结束这个故事。

"欧几里得站起来,以高度的尊敬慢慢地说:'尊贵的国王,我请求您的宽恕。我们都知道整个埃及有两条路,一条路是为高贵的您准备的,另一条是为普通人准备的。'他举起他的双臂,一只臂表示一条路。'它本该如此。然而,即使对于您,陛下！在几何学中不存在王者之路！'"

爷爷坐回他的椅子,全家人都在鼓掌,仿佛他们以前从未听过这个故事,他们欢迎和感谢他,毕竟这是个很好的故事。

第四回　专注——创造力的源泉

阿基米德(Archimedes)

公元前287年生于西西里岛(Sicilia,今属意大利)的叙拉古(Sracusa),

公元前212年卒于叙拉古。

数学、力学、天文学。

阳光闪烁,叙拉科西亚是那么耀眼,国王和他的臣民们只能斜着眼看它。它在船坞里,等待着入水式。这不是一艘寻常的船,叙拉科西亚是用最好的材料造的,船头很坚固,设计很新颖,装饰也很豪华。

亚历山大里亚的托勒玫王曾下令造船,叙拉古[①] 的希罗王遵照命令把船造出来了,而且造得很大。他想请托勒玫王来参加下

---

① 叙拉古属希腊,所以,希罗王要听从托勒玫王的命令。

水仪式。船虽造好了,但是没有办法把它送下水。希罗王很为难,只好请阿基米德来解决这个问题。

阿基米德曾在希罗王面前自夸:只要给我个立足点,我就能移动地球。这是因为阿基米德发现了杠杆定律。利用杠杆,人们就能举起比自己重很多倍的东西。

这船是在码头边上造成的,当阿基米德来到这里时,见到那么多人聚集在这里,感到惊讶。成群结队的工人们把货物装上船。在另一个斜坡上,服务员帮助旅客上甲板。希罗王决定让船尽可能地重,以此来考验阿基米德的创造力。

阿基米德开始工作了。有几个年轻人做助手,把准备好的滑轮、杠杆和绳子放在船的周围。人们都认为:这些机械设备,不可能移动像叙拉科西亚这么大的船。那么,阿基米德用这些机械干什么呢?

最后,一切都准备好了。阿基米德坐在海滨的一个小椅子上。在希罗王发出信号时,阿基米德把附在第一个滑轮上的绳子徐徐拉动。慢慢地,几乎毫不费力地,华丽而沉重的船开始向海移动。一会儿,该船滑入水中。困惑不解的人们高兴地手舞足蹈,欢呼不已。

阿基米德是一位解题能手,他喜欢思考科学问题,例如:如何测量圆的周长。然而,他更乐意帮助家乡(叙拉古)解决实际问题。那时候,叙拉古是希腊的一部分。阿基米德和他的父亲菲季阿都在这里出生,他喜欢这个城市。叙拉古处于西西里岛的海滨,很快就发展成为重要的商业中心,它是个适合思想家居住的地方。阿

第四回 专注——创造力的源泉

基米德去过亚历山大里亚,它也是个适合思想家居住的地方。当时他还年轻,在那里结识了一些朋友。但是,他还是不想离开叙拉古。

阿基米德的父亲菲季阿,曾是一位有名的天文学家。这也许是阿基米德对太阳、月亮和行星感兴趣的原因吧！一天他开始思考大数。绝大多数人深信:表示充满海岸的沙粒的数字不存在。沙是不能数的,所以那数必定大到超过了想像力。阿基米德喜欢挑战:他计算海岸的沙的数目,好像这不够困难;他决心计算填满整个已知宇宙的沙粒有多少？（在那时,人们认为:宇宙是太阳、月亮和五个行星之间的空间;当时,认定只有金星、水星、火星、木星和土星五个行星。）

首先,阿基米德计算装满一颗罂粟种子大小的沙有多少粒;然后,他计算装满人的一个手指大小的罂粟种子有多少颗;进而他计算填满一个露天剧场要用多少个手指。阿基米德这样一直做下去,最后得到它的答案是:10^{63}粒（读作:10 的 63 次方）。这数以例证表明阿基米德表示大数的新系统。他使用指数表明:一个数该被自乘多少次。

阿基米德把宇宙的大小估计得太小了。但是他计算了要填满那个空间要用多少沙粒。这引进了思考的新途径。一天,希罗王说:"阿基米德,我有另一个问题要向你请教。"

"好,陛下,我能给你什么帮助吗？"

"情况有一点我不满意,"国王详细地说,"我告诉了你,你可不要告诉任何人！"

"当然可以,请你相信我。"

"我的问题就在这里。丢奥森内斯为我造了个新皇冠,那不是?用丝绒包着的。"

"真华丽,陛下!你是否喜欢它?"

"从外表上看,我也喜欢,但是,我总觉得没有完全按照我的要求做。"国王解释说,"你知道,我为丢奥森内斯提供了制造皇冠所需要的金子。但是,现在我怀疑金匠在皇冠内以银代替了金,而把贵重的金子据为己有。"

"噢!"阿基米德被难住了,"当然,你不想把漂亮的皇冠割开,看个究竟。你让我证明你核对过皇冠的重量与你给予丢奥森内斯的金子是一样的重,是吗?"

希罗王点头。阿基米德没有立即解答出国王的问题,他有点困惑。

阿基米德答应思考这个问题,然后就走开了,他常常心不在焉地自言自语沉浸于问题中,连自己该往哪里走都忘了。有时撞着人,有时走到马车前面,有时甚至连吃饭也忘了,直到他的朋友提醒他。

一天,阿基米德在公共浴室洗澡,当他坐进木盆,一个思想像闪电一样出现了。他是那样的兴奋,为他的发现而兴奋,他冲出浴室跳着跑着上了街,喊道:"发现了,发现了!"竟然连衣服也忘了穿。阿基米德就这样发现了浮力定律。

在澡盆里,阿基米德观察到被他的身体排出的水量。他注意到:在他降低和升高他的身体时,水面也随着升高或下降;当他的

第四回 专注——创造力的源泉

身体完全进入水中时,水对他的浮力最大,水的浮力使他飘起来。经过思考,他认识到:支持的体积越大,水的浮力越大。有较大体积的物体与同样重量的小物体相比,承受着较大的浮力。例如,六寸的塑料尺和一个镍币一样重。但是,尺浮而镍币下沉。因为尺子有较大的体积,所以就有较大的浮力。

阿基米德知道:丢奥森内斯为希罗王制造的皇冠与国王给他的金子应该一般重才对,但是,如果这个皇冠排出的水多于同样重量的金子,就意味着皇冠的体积较大,所以,它必定包含着比金密度小的物质——银。他把与皇冠同样重的金放入水中,看水升高多少;然后,他又把皇冠置入水中,看见水升得较高。由此证明:皇冠有较大的体积,不是纯金。对于制造皇冠的金匠,后来如何处置,没人知晓。

关于他的发现,阿基米德写了许多小册子。有些小册子仍保存在博物馆中。阿基米德经常研究圆。他发现了圆的周长和圆的直径的确切的比。为此,他在圆内画了一个有许多边的多边形;又画了另一个多边形把圆包括在内。他得到著名的准确比,用的就是这种方法。在许多次试验之后,阿基米德宣布:这比在 $3\frac{1}{7}$ 和 $3\frac{10}{71}$ 之间,并称之为 pi(π),现在已经被计算到小数点后许多位。

阿基米德对圆的工作,引导他去研究所有种类的曲线、球和螺线。他花很多时间绘制模型,仔细地写下他的观察结果。当时没有书写工具,他就从火中拨出冷灰,在上面画。他常在沙盘上工作。最后,他为发现的曲线、曲面、圆、球、圆锥曲线和螺线的面积、体积和重心给出了证明。阿基米德最引为自豪的发现是刻在他的墓碑上的球和圆柱图解。阿基米德在这些领域作出的研究成果都是杰出的,直到18世纪后半叶,有了新的工具之后,后人的研究才有了新的进展。

"您是否考虑过:如果你多做这些实用性的研究,而不是搞这些图形,你会多么有钱啊!"一天,阿基米德的一个邻居问他。

"也许钱和名对某些人来说,是重要的。我宁愿做我最感兴趣的事!"阿基米德回答。

"但是,螺旋抽水车是你发明的,这是实用的,是不是?"

"我以为每个人都该乐于帮助别人。但是,如果我花我的整个生命设计机械玩具,我会有失败感。"阿基米德笑着说。

与他的数学论文相比,像螺旋抽水车这样的发明,对于阿基米德来说,就像玩具。但是,螺旋抽水车确实是重要而且实用的工具。它的主体是一个管子,一端开着,里面有一根棒。当低端以一个角度浸入水中,上端旋转,螺旋就像麦秆一样把水抽到顶部。在埃及,农民们使用它,抽尼罗河的水来灌溉。水手们也使用它把船中的水排出去。在西班牙,它被用于把矿井中的水排出来。

阿基米德在他接近生命末尾时,不得不花较多的时间去研究实用装置。罗马和迦太基都争夺西西里(叙拉古为该岛首府);人们称之为迦太基之战。在希罗王死后,他的孙子希罗尼姆斯接收西西里,愚蠢地加入了迦太基联盟。罗马人筹划着攻击,并且,轻易地侵占了西西里,但是,他们没有想到:阿基米德创造了那么多新武器,为叙拉古增强了防守。

第四回 专注——创造力的源泉

在阿基米德的指导下,军队开始了进攻性的计划。首先,他向他们展示:如何使用大弹弓,这种装置能把巨石越过城墙扔到港湾里的船上。然后,他们在地基上建造长竿,让它能转到城墙的任何部分。当它转到城墙外面时,把杠杆松开,巨石就落到敌人的船上,给他们以毁灭性的打击。阿基米德还设计了巨大的起重机,把它装在城墙上,能把船吊起,并把甲板上所有敌人倒入海中。

罗马人打算在两年内侵占叙拉古,但是没有成功。在看到阿基米德天才的巧妙的炮后,罗马水手中有不少人是"一朝被蛇咬,十年怕井绳"。有时,如果船离岸太近,希腊人从城墙上吊根绳子下去,罗马人就以为这又是阿基米德的什么新发明,将会毁灭他们,便纷纷逃命。

罗马军事指挥官马塞路斯对于败在阿基米德手里感到困惑和愤怒。他期待着有那么一天,希腊人会放松防守。这一天终于来到了,希腊人过纪念阿耳忒弥斯的节日,叙拉古的兵士们休息、过节、只顾吃喝的时候,忘记了城外的敌人。罗马人已经占领了这座城市,他们还不知道发生了什么事。

阿基米德曾触怒马塞路斯,但是,马塞路斯尊重这位数学家的品德和智慧。在他的兵士们下船之前,马塞路斯下了严格的命令:不得伤害阿基米德,必须捉活。

和他的同胞不一样,在罗马人侵占该城时,阿基米德没有去参加节日活动,像往常一样,他深深地沉浸于几何问题中。他没有想到有什么不寻常的事发生,他只知道:有个人站在阳光下,他的影子投在地上,那正是他画几何图形的地方。

他说:"不要挡住光线,你听见了吗?"又说:"你没看见,我在工作吗?"

"老头,起来跟我走!"这个士兵命令道。

阿基米德没有听见,他继续工作,皱眉沉思,深深地专注于研究。他没有注意到那个士兵佩带着剑。这个士兵骄傲和粗鲁,不遵从马塞路斯的命令,拔出了剑,刺死了古代世界最伟大、最富有创造力的天才。

马塞路斯深感悲痛,他立即为崇高的阿基米德举行了隆重的葬礼,对于阿基米德的家属尽全力予以安慰和照顾。阿基米德早年就有过这样的要求:将在圆柱体内画一个球体的图刻在他的墓碑上。马塞路斯让他的这个要求变成了现实。

第五回　才华出众的学者

希帕提娅(Hypatia)，

约公元370年生于埃及的亚历山大里亚，

公元415年卒于亚历山大里亚。

数学、哲学。

"爸爸,你在哪里?"一位年轻的姑娘气喘吁吁地喊着。

"我在这儿,你要留点劲儿爬最后一段路。我计划今天爬上那座山顶。"

"是那座山吗？我会超过你的。"姑娘淘气地说。

希帕提娅和她的父亲泰奥恩,每天都要在亚历山大里亚附近爬山。这是他们锻炼身体的一项活动。

"就是这儿！向右转绕过那片棕榈树,照直就到山顶了。"她父亲说。

第五回 才华出众的学者

希帕提娅飞快地跑过了六英里(1 英里 = 1.609 千米)。可是他父亲为了赶上她,已经使出了全身的力气。她从捷径疾驰,到达终点,坐在山巅休息。

"爸爸,要我帮忙吗?"她笑着说。

"不要太骄傲了,下次我一定超过你。你毕竟比我年轻,我已经老了。"他坐在女儿身旁,嘲弄而又亲昵地给她背上一拳。

这是亚历山大里亚一个美好的早晨。从他们休息的地方能俯瞰埃及海滨,一直到地中海。

"爸爸!看!港湾里又驶进了一艘船,一定是昨天晚上到的。"

"是,我看到了。有时我想,要是没有这样一座灯塔,也许是另一种情况。现在亚历山大里亚以一座商业城著称,而不是学术城。"泰奥恩回答说。

"爸爸,你不要指责这座灯塔,我以生活在世界七大奇迹之一的附近而自豪。"

"希帕提娅,你说的对,但是,每当我追溯这座城市的历史时,就不由地产生这些联想。我多么渴望有那么一天:由船运到亚历山大里亚的不是货物,而是世界上的伟大思想。到那时,这里建起了博物馆和图书馆。然而,现在在罗马人的统治下,只建设了工厂和商业中心。"他解释说。

希帕提娅微笑着。她父亲的沉思是有感染力的。探求学问的热情,在亚历山大里亚日益锐减。但是,也许并未完全死去。

"爸爸,时间会改变一切的。看,从这里我们能看到:这座城市的心脏仍在探求学术和真理。确实,托勒玫在七百年前把知识带到了这里,他知道其他影响也会来到亚历山大里亚。在学术上臻于完善的同时,在商业上也臻于完善了。"她说。

"希帕提娅,我知道你是对的。我只是希望罗马人在思考和探索方面多费些心。尤其是在数学上,他们没有半点兴趣,认为不能用数学来赢得战争和金钱。"

"现在听您说话,真像个数学教授!"女儿大笑着说。

事实上,泰奥恩正是一位数学教授,而且是一位很好的数学教授。在希帕提娅还是婴儿时她母亲就去世了。希帕提娅大部分时间与父亲一起生活,或在大学学习,或仔细察看亚历山大里亚这个城市。因希帕提娅很小的时候,就显示了她非凡的智慧,泰奥恩决定培养她,并尽可能地求得完善。除了把他知道的各种知识教给她之外,又为她提供了艺术、文学、科学和哲学的正规训练。还为她制订了详细的锻炼身体和饮食计划,而且自己和她一起执行。讲课时是她的老师;谈论人生时是她的导师;休息娱乐时是她的朋友。希帕提娅学问的长进,体质的增强,无不是她父亲精心培育的结果,与此同时,泰奥恩也得到了无比的快乐。

成果是可观的,在希帕提娅成年时,她品德高尚,智慧超群,而且十分美貌。世界各地的人来到这里听她讲课。她是那样地善于雄辩,她的一些学生认为她是受过神的启示的人——她的品德、智慧和知识来自神的教导。

希帕提娅很喜欢旅行,对于研究其他民族的文明很热心。普鲁塔赫和她的女儿阿克皮杰尼亚在希腊雅典办的学校曾聘她任教。在她回到亚历山大里亚后,大学里给了她一个教学职位,与其他知名学者一起教书。对于学生和来访者,希帕提娅讲课的教室和她的家,都是他们最喜欢去的地方。

在教学之外,希帕提娅写了一系列数学论文和其他学术论文,用来教她的学生。当时流行的数学课本很难理解,希帕提娅作出注释,把作者的思想阐述得清清楚楚。

她与其他数学家和科学家,常以书信的方式交流学术思想。希帕提娅的很多知识来自希腊昔兰尼的叙内西乌斯——后来,他成了著名的哲学家。叙内西乌斯艰苦地为某些试验收集信息。希帕提娅向他提议,使用她设计的仪器做他需要的测量。这些仪器有:星盘(astrolabe),用于测量行星和恒星的位置;平面球形图(planisphere),用于研究天文学。她还发明了制蒸馏水的设备,用以测量水的性质。

希帕提娅不仅是一位著名的数学家和科学家,她还是一位受人尊敬的哲学家。她的父亲教她要解放思想。和许多希腊人一样,泰奥恩深信,做学问应该持怀疑态度,应该勇于提问,而不要把任何一种说法视为最终真理。他向她介绍了许多宗教知识,并且教她学会了评价各自的优缺点。希帕提娅也让学生们提各种问题,即使对于政府和宗教首领不许问的事,也要提,也要持怀疑态度。最后,这为希帕提娅招来了麻烦。

亚历山大里亚的两个首脑人物彼此明争暗斗,希帕提娅也卷入了其中。欧雷斯特是亚历山大里亚的地方官,是希帕提娅的朋友。他们愉快地交谈,并以信件交流最亲密的思想。西里尔是亚历山大里亚的总主教,是这个城市基督教会的头目。他把任何不接受其宗教观念的人都视为异教徒。斗争在两个人及其追随者之间发展。西里尔把希帕提娅划入异教徒之列。

一天清晨,欧雷斯特突然来到希帕提娅的家。"我必须立即告诉你!"他低声说。

希帕提娅大惊。欧雷斯特平时很稳重,然而,现在他气喘吁吁,紧皱眉头。"什么事?"她急忙问。

"我们以后再不要相见,也不要彼此通信,因为这太危险。"欧雷斯特说话的声音很低。

"欧雷斯特,什么意思? 这就是说,我们生活在这样一个悲惨的世界中,我们二人不能在一起交谈?!"

"西里尔再一次制造恐怖,我为你的安全担心。"欧雷斯特解释说。

"西里尔,我不怕! 他只不过是吓唬人的,实际上他不会真的

第五回·才华出众的学者

伤害任何人。"希帕提娅说。

"希帕提娅,通常我赞同你的看法。但是,这次我相信西里尔要来真的了。"他稍停片刻,看着地板说,"你没听说,昨天晚上发生的事吗?"

"我不知道你说的是什么事?"

"西里尔的人在图书馆放了火,绝大部分的书籍都化为灰烬。"

希帕提娅目瞪口呆。她想到她父亲和父亲在亚历山大里亚从事学术研究和教学的年月。她想到为建设这座图书馆和这所大学付出自己生命的人们。过了一会儿,她愤怒地说:"欧雷斯特,亚历山大里亚的灯塔也许还在亮;但是,我们这个城市真正的光明被毁灭了!"

在欧雷斯特和西里尔的追随者们之间频繁地小争小斗几个月之后,西里尔决定以一个残酷至极的行动显示他的威力。他下命令把希帕提娅杀掉。

一群狂热的宗教暴徒,以希帕提娅制造谣言为借口,在她乘马车进城时绑架了她。他们把她拉下车来拖到教堂,在那里残酷地杀了她。并且以火焚尸,标志着希腊数学伟大时代的结束。

欧雷斯特为希帕提娅之死深感悲痛。他感到有责任,并且决心找回公道。他奔赴罗马,请求权威人士对希帕提娅的被害进行调查,可是他们漠不关心。

在官员的报告中写道:"希帕提娅仍然活在雅典人的心中。未曾发生悲剧。事件已经结束。"

希帕提娅的生命历程告诉我们:谁要是辛勤地工作,谁要是坚定地站在他认为正确的一边,谁就必定成功。她是成功者完善的标志。

第六回 有好运要分享

花拉子模(al-Khwarizmi,Abu Jafar Muhammad lbn Musa),

约公元783年生,约850年卒。

数学、天文学、地理学。

"喂!注意。"哈桑大声说。

尼扎姆和奥玛尔把眼睛转向他们的朋友——哈桑。"他既然喜欢当头儿,就让他当吧!"

"人们都说:'伊玛姆的学生命中注定要发财和交好运'!"哈桑解释说,"很可能在我们当中必定有一个先发财。"

尼扎姆戏言:"愿我有好运,越快越好!"

"但是,如果真是这样,"哈桑接着说,"让我们订一个协议,约定无论谁有了好运,都要拿出来分享。这将增加我们每一个人的

第六回　有好运要分享

机会,谁首先成功,就要把他的财产、地位和势力,分给另外两个人。赞同吗?"

尼扎姆和奥玛尔彼此相看,耸了耸肩,"为什么不?"他们异口同声地说。他们三人都以能在他们的故乡奈沙蓬尔成为伊玛姆·莫扎法克的学生而自豪。整个波斯普遍地相信:他的学生有很大的机会得到好运。当时,伊玛姆已经超过了八十五岁。这三个朋友继续刻苦学习,期盼从这位聪明的老师那里学到尽可能多的知识。

时间在消逝,朋友们在成长,彼此失去了联系。

尼扎姆第一个成名,他成为苏丹(回教国的君主)的首相。尼扎姆有权力给别人安排有威望的职位。他没有忘记对他同窗好友许诺的话。一次他宴请了他们中的一个。

"奥玛尔,"尼扎姆说,"你想要政府的什么职位? 也许你想当文化部长或天文台长。"

奥玛尔不好意思接受这份礼物,虽然他明知道这是得到财富和势力的好机会,他会从此成为政府的重要人物。

然而,奥玛尔没有接受,他对于金钱和权势都不感兴趣。他真正需要的只是自由地研究和写作。

"我的朋友,非常感谢你。"奥玛尔答道,"你的礼物对于我来说过于高贵,我不适合担任要职。"

尼扎姆说:"奥玛尔,请你说说我能为你做点什么。记得我们儿时的协议吗? 你喜欢什么?"

奥玛尔·花拉子模想了一会儿,清了清嗓子:"有一件事,你能办。如果你能给我一个职位,让我在你的庇护下对科学进行广泛的研究,就是对我最大的帮助。"

奥玛尔·花拉子模的要求得到认可,尼扎姆给他一份年薪,而任务很少。这使得奥玛尔有充分的时间研究和写作,而不用为生活而奔波。

然后,尼扎姆与他另一个朋友相见,那就是哈桑。哈桑的要求不像奥玛尔的那么小,他自夸道:"我想成为国王的御前大臣。如果我被委派担任这样的职务,我能对许多法律和行政事务进行改革。"

尼扎姆对哈桑的态度感到讨厌,但是尼扎姆不能回绝他的话,他发过誓要把好运分给朋友,他尽快为任命哈桑作了安排。

哈桑很快就对他的职位不满意了。他的嫉妒和贪婪促使他把取代他的朋友尼扎姆定为自己的目标。哈桑以提供金钱、地位的方式贿赂苏丹的其他臣仆,以得到他们的支持。最后,他们策划推翻政府,以取得控制权。

苏丹和尼扎姆得知叛乱的计划后,把哈桑和其同党拉出来,揭发他们叛乱罪行。这不仅毁灭了哈桑掌握权力的机会,也败坏了那些跟着干的人的名声。他使这个国家受到严重的挫折,短时间难以恢复。他失去了生命中最好的机会,把怒气潜藏于心底,准备报复。他向自己发誓:"总有那么一天,我要让尼扎姆得到报应。"

有一段时间,没有人知道哈桑去了那里,他怎么样了。后来,才知道哈桑竟成了一群杀人成性的暴徒的首领。他们占据了里海南部山上的一个城堡,打算以之为总部,统治整个伊斯兰教世界。他和他的追随者们经常在边境附近打家劫舍。

第六回 有好运要分享

一天黄昏,宫廷的管事进入奥玛尔·花拉子模的工作间,问道:"先生,我能占用你一点时间吗?"

"可以,请讲。"花拉子模说:"什么事?"

"先生,很抱歉,告诉你一个不幸的消息。"

花拉子模放下手中的书,专心听管事说话:"请继续说。"

"说的是首相,你的朋友尼扎姆,被哈桑那帮人杀了。"当花拉子模沉浸于这可怕的消息时,报讯人停顿了一下又说:"他们简直没有人性。我很抱歉,我知道这消息会使你悲伤。"奥玛尔悲痛地垂下了头,长时间地为他朋友的非命之死感到惋惜。

不久后,奥玛尔·花拉子模[①]被邀请到撒马尔罕,为伊朗国王担任宫廷占星专家,但是,花拉子模不相信占星术,他是一位天文学家。关于天空的真实科学强烈地吸引着他,他对愚蠢的预卜根本不感兴趣。但是,因为在伊斯法罕的首府有一个很好的观象台,他不肯失去这个机会,所以他接受了这个职位。

一天,伊朗国王说:"奥玛尔,我觉得无聊和烦恼,你观察星象,预卜一下我该干些什么?"

花拉子模用仪器装模作样地看了看,回过头来答复说:"陛下,我知道在你的未来有许多令人振奋的事件发生。星相表明:对你来说,正是出去旅游的好季节。"当然他只不过是佯装为国王解释天象,而这位国王却因无知而高兴。

"贤卿,谢谢你。"国王答道:"对我来说,很清楚,你是一位有锐敏洞察力的聪明人。"他点了点头,表示赞同。所有的随从也对花

---

① 奥玛尔是名,花拉子模是姓。

拉子模点头,意思是:这位星相家忠于职守。

花拉子模在伊斯法罕搞了历法改革。人们都知道历法不准确,对农业生产不利。花拉子模领导八位天文学家,从事这项工作。靠仔细地考察月和星的位置,他们创造了一种准确的历法。他的工作受到人们的尊敬。

花拉子模除了研究太阳、恒星和行星,他还研究数学。他年轻时就做出了几个创造性的发现。

他相信代数与几何关系极为密切。欧洲和亚洲的许多学者不同意他的看法。花拉子模在他的著作中大胆地宣称:"不要只看到代数和几何在形式上的差异。代数能用几何定理来证明。"

花拉子模对三次方程式的解特别感兴趣。他对各种三次方程式仔细地、系统地作了分析,并且表明,它们能用几何方法求解。他仔细地研究了圆锥曲线——圆、椭圆、抛物线和双曲线(这些曲线被称做圆锥曲线,因为它们可由一平面截一圆锥而得)。他能以两圆锥曲线相交,得到任何(有一个正数解的)三次方程的解式。花拉子模作出了重要发现,一般认为:11世纪数学上的最重要的时代是属于他的。

他还对欧几里得公设感兴趣。在大约公元前三百年,欧几里得发现了一组公设:这套命题被当作不用证明的真理被接受。许多年来,数学家们试图证明欧几里得第五公设。此公设说:过给定直线的一点,能作一条且仅能作一条直线与已知直线平行。如果此命题能被证明,他们想,那它就不再是公设。花拉子模没有求得清晰的答案,但是,他的推理建立在一整套做几何的新方法之上。

第六回　有好运要分享

花拉子模把他的观点编入一本较大的数学课本中,他的著作书名很长,通常简称为《代数学》,他提及他的另外著作(不幸已经失传)。在那里,他讲到他对著名的算术三角形做了哪些工作(算术三角形,后来以帕斯卡三角形著称)。

奥玛尔·花拉子模的发现对全世界的数学家都有帮助。但是《代数学》像许多伊斯兰数学家的著作一样,未被翻译成其他文字。这样,他的发现不为欧洲所知,那里的数学家只好在几百年后,重新发现同样的真理。

奥玛尔·花拉子模还是一位诗人,在西方世界,以《鲁拜集》的作者而著称,汇集的四行诗,以其浪漫色彩和韵律和谐而闻名。当十九世纪中叶第一次译成英文时,整个欧洲和亚洲都为这简单而有力的诗所吸引。

他喜欢户外活动,在户外,他可以自由地观察大自然的美。有时他在花园里教学生。花拉子模有时会大喊:"多么令人惬意的夜景啊!"把全神贯注思考问题的学生吓一跳。

一天,玫瑰花香格外扑鼻,他停下讲课,对他的学生赫瓦贾说:"如果我死了,要把我葬在花园附近,当北风吹来时,玫瑰花的花瓣会盖满我的坟墓。"花拉子模越过他的肩膀看前面的景色。赫瓦贾几乎能看到玫瑰花瓣在飘落。

几年以后,奥玛尔·花拉子模死后,赫瓦贾在群花盛开的时刻,走访他老师的墓地。他发现各种各样的果树覆盖着靠近坟墓的花园的墙,墓碑被花覆盖着。

1884年,在花拉子模逝世了一千多年之后,一位英国艺术家拜访此墓。他听说过花拉子模的希望,好奇地想看看葬他的地方现在怎么样。就在这位艺术家坐下来描绘景色的时刻,靠近该墓的一株美丽的野玫瑰捕捉住了他的眼神:玫瑰花已经开过了,但是,还有几枚花瓣留在墓碑上。

第七回　阿拉伯数字的倡导者

斐波纳契(Fibonacci, Leonardo)，
约1175年生于意大利比萨，1250年卒于比萨。
数学。

在学校，盘腿坐在地板上，总有点儿不舒服。但是，今天对莱昂纳多特别不安心。他能听到窗外人群低声细语。

"莱昂纳多，这道题你是怎么解的？"他的教师问。

他的心思放在外面发生的事情上。

"莱昂纳多，我在对你说话！"他的教师很生气："你为什么不专心？"

他的视线这才回到他的书写板上，他对这个问题的解答应该写在上面，但板上一片空白。他的书写工具——尖笔，掉到了他的

第七回　阿拉伯数字的倡导者

腿上。他甚至连题都忘了。

"老师,我很抱歉!"他口吃地说:"我又在想那座钟楼。"

他做白日梦不是第一次了。事实上,比萨的街道对所有小孩都是有吸引力的,何况街旁正在修建钟楼,谁还会全神贯注于几何学呢!

在比萨,美丽的教堂已经完工,又在着手建造钟楼。大理石,一层一层地砌,现在,已经建到第三层了。工程师们计划建八层,但是,有什么地方明显地错了。此街的人们希望这是误传。但是,他们的希望破灭了:塔成了斜的。

即使没有建筑经验的人,也有自己的见解。有时,莱昂纳多的思想似乎在街谈巷议的人们之间穿梭。

"如果你问我,我认为:我们应该把整个塔推倒,重建!"

"你疯了!建成今天这个样子,我们已花了一年多的时间,必须继续把它完成。"

"塔的测量必定有错误!为什么我们不选择合格的人来干这件事?"

最后,问题的原因被确定,因为比萨的土壤是沙质的,是地基没打牢所致。现在没有办法纠正了,但承担任务的工程师有一个计划:"我们将塔的斜一边的大理石块加厚,"他宣称,"当我们修建到第八层时,塔就不倾斜了,它应该是完全直的。"

工程师的计划被执行,但是,它招致相反的结果。当更多的重量加到斜的一边时,它陷得更深。在该塔建成二百年后,它斜了差不多 7 呎(1 呎 = 0.305 米)。

莱昂纳多受到比萨斜塔的激发,开始认识到:仔细地订计划是何等地重要。他还认为:人们对于如何解决问题各有不同思想是很有趣的。他想:"总有那么一天,我能较好地解决问题。"

比萨的生活并不单调乏味,即使没有斜塔这桩为难的事也很热闹。莱昂纳多特别喜欢码头上的繁忙生活,因为每周都有不少船只从远处来到比萨。他每逢假日,总喜欢到船坞里看工人往船上装货和从船上卸货。商人都雇几名工作人员清点货物,记录下收到的货物和开支。莱昂纳多注视着他们的手指在算盘上灵活地拨动,对于他们用算盘珠计算得如此之快感到好奇。他们用罗马数码记录其总数,有时,在他们的本子上记下一长串数字。

莱昂纳多儿童时就认为:必须得有作商业记录的较为简便易行的方法。罗马数码,对于加法和减法还可用,但是,对于乘法和除法,不适用。算盘挺好用,但是,它样子不好看。此外,它没办法核对,除非重算一次。如果你第二次得到另一个答案,你就必须再算一次,或者找一个朋友用另一架算盘核对。

莱昂纳多十二岁时,有一天,他父亲波纳契,把他叫到身边说:"莱昂纳多,你知道比萨控制了阿尔及利亚的一个港口吗?"

"爸爸,这我知道。您说的是不是有很多仓库的布日伊?"

他的父亲停顿了一下,仔细地品味道:"布日伊是一个优美的城市,聚集着来自世界各地的人。"

莱昂纳多困惑不解。他一心想到船坞里上趸船看卸货。"爸爸,这是什么意思?为什么你告诉我这些?"

"莱昂纳多,我已经被任命为布日伊的负责官员,即将开始工

第七回 阿拉伯数字的倡导者

作。对我来说,这是提升,我希望这不会太多地影响你的生活。"

"这是什么意思?"

"你知道,我必须尽可能快地去那里。短时间内,我就要把你接到那里去。正因为如此,你在学校学习必须加倍努力。"

莱昂纳多想到,要离开比萨和他的朋友不免有些伤感,但是,他对跨越地中海的旅行又很向往。他听过关于北非海岸的故事,他迫不及待亲眼见到它。他爱父亲,尊敬父亲,并且,以有这样的父亲而自豪。

"爸爸,当然。"莱昂纳多自信地说,"我在这里等你,认真地做每件事,直到你来接我。请你答应我,尽量快些来。"

为了表明对父亲的忠诚,莱昂纳多为他自己取了个外号,他向学校的朋友们宣布:"从今天起,我的名字叫斐波纳契,意思是波纳契之子。"

在阿尔及利亚他父亲那里,斐波纳契学到的远比在学校里学到的多。布日伊是一座富有的城市,学者们从世界各地来到这里宣传他们的思想。有的人忙于将伟大的希腊文献译成阿拉伯文,有的人兴奋地讨论着最近的科学发现。

斐波纳契对见到的每一件事都凝神注视。当他在码头上散步时,他很羡慕船员们穿着颜色鲜艳的服装。他们中有的人在以不同的语言讲话;他想他们是在讲述自己在海上度过的危险时光。

在这里商人们的那一套记账的办法引起了斐波纳契的兴趣,他们在小本子上记下的奇怪符号,和罗马数码根本不一样。一次,他越过一个记账员的肩膀看他记事本,那人生气地说:

"年轻人,什么意思?为什么不认真地做你自己的事?"

他匆忙地离开,过了一会儿,他见到一位老爷爷也在记账,于是,他拿定主意向他请教。

"先生,对不起。我可以问你一个问题吗?"

"四十七、四十八、四十九,……什么?不要打搅我,算到哪里了?"

斐波纳契很怕他会被赶走,就像码头上的一个乞丐站在那里没走。

他解释道:"先生,我想知道您在本子上记的是些什么符号。"

"什么?这里?"老爷爷指着一行数字道,"孩子,这些是印度数字,是发明的最好的记账方法。"

听了这简短的一课后,斐波纳契欣喜地走开了。他下了船时,哼着小曲,他为刚才学到的东西感到自豪兴奋。如果人们都懂得印度数字该多好啊!

斐波纳契长大后,独自外出旅行。他在康斯坦丁堡逗留了几年,接着,访问了埃及、叙利亚、西西里和法国普罗旺斯,每到一处,他总要找对于数感兴趣的人。他常帮助他们解答问题。有时,他让他们困惑好几年的问题得以解决。

最后,斐波纳契在比萨定居,从事写作。他的著作《算盘书》发表于1202年(那时,还没有印刷机,书的每一页必须用手工抄写)。他急于知道人们对他的著述有什么反应,尤其是当他的某些提法被误解时。

斐波纳契在《算盘书》的开头,这样说:"1,2,3,4,5,6,7,8,9是

第七回 阿拉伯数字的倡导者

九个印度数字。用这些数字,连同符号0,任何数都可被写出来。"

他向意大利和整个欧洲建议:用印度——阿拉伯数字代替罗马数码。他引用许多例子证明:用这些数字作乘法和除法运算是多么方便。开始,大多数人拒绝考虑这项计划,他们坚持说:罗马数码毕竟用了几百年,用得很好!

斐波纳契的一些别的主张也受到同样的遭遇。大多数读者不习惯让零占一个位置。他还提出新的写分数的方法:在分子和分母之间画一条横线。当然,因为阿拉伯人读书是从右往左读,分数还是被放在整数的左边。

他还在书中引进一个著名的数列,在此数列中,每一个数是它前面的两个数的和。下面是此数列的最初几项

$$1, 1, 2, 3, 5, 8, 13, 21, 34, 55, \cdots\cdots$$

自斐波纳契确认它以来,数学家们对此数列很感兴趣。十九世纪,斐波纳契数列在自然界的许多领域被发现。植物学家们发现在许多茎上的叶芽的模式均符合此数列,还有向日葵种子盘的螺线数,菊花的花瓣数,菠萝的鳞状物,等等,都符合这个数列。人们对它的关注越多,从中得到的知识也越多。

莱昂纳多在幼儿时,就为自己选定了一个外号。当他长大后,又选了另一个外号。有时他称自己为"莱昂纳多·比戈罗",比戈罗(bigouo)是个多义字,它可以意指旅行者,斐波纳契肯定是一位旅行者,但是它还可以意指黑头粉刺。当怀疑者想嘲笑他的思想时,他们以称他为比戈罗来笑骂斐波纳契。

有些人认为:斐波纳契特别喜欢用他的外号作为他的晚期著

作的签名。向欧洲世界显示：黑头粉刺干了些什么，是很有意义的！今天再没有人会嘲笑斐波纳契了，因为他被认为是中世纪最伟大的数学家。

第八回　是魔术师,还是数学家

纳皮尔(Napier, John)

1550年生于苏格兰爱丁堡,1617年4月4日卒于爱丁堡。

数学。

"朋友,请问梅尔契斯顿堡是不是就在那座小山上?"一位旅行者以期待的语气问。

"就是那。"老农答道。他轻轻地拍着他的疲倦的马。

"我想也是。"

"先生,您是男爵家的朋友吗?"老农问。

"不,我们未曾见过面。"旅行者说:"我从敦提来,向他请教。我听说过关于他的魔法巫术的故事。我要亲眼看看,他的魔法是怎么回事。"

第八回　是魔术师,还是数学家

"好,您想看什么,可以尽情地看。不过你是看不到什么魔法的。男爵只不过是一位机智的人,常有新思想产生,他精力充沛,不需要使用什么魔法。"老农回答。

"你怎么知道得这么多!"来访者问。

"我在梅尔契斯顿堡庄园干活,男爵小时候,我就在这里,这就是他家的地,我怎么会不知道。由于他在耕种上搞试验,我们的燕麦获得了最好的收成,我不能确切地告诉你,我们在田里施了什么,但是我们确实丰收了。先生,在这里没有魔法,只有智慧。"老农说。

"但是,关于公鸡的故事呢?"来访者问:"发现那事时,你也在这么?"

"我敢和你打赌,我从未看见那类傻事。但是,男爵总乐意给无知者以智慧。"农民大笑着说,"在几个月前,男爵雇了一批新工人。不久,他怀疑新工人中有人偷东西,最初丢的只是些小东西,他没有在意,后来当厨工发现有些好的饭菜也不见了时,男爵就决定采取行动。"

马铃叮当响,马在摇头,使农民回忆起那天晚上发生的事。

"我得回去工作了,我必须在日落前把这块地里的活干完。"

"请你把那个故事讲完再去干活。"旅行者请求。

"好吧,我来讲事情的经过。我想你会赞同我有一位聪明绝顶的主人。把他一只黑公鸡放在一个阴暗无光的储藏室里,然后他让工人一个挨一个地进去,要求他们拍拍公鸡的背。他事先告诉过工人说,这只公鸡会告诉主人某人诚实与否。因为当时在工人中没有人承认偷了东西,他就让这只公鸡告诉真情。当他们逐一进去拍过公鸡的背出来后,男爵要求每人把手伸给他看,结果除了一个人之外,其余的人手上都有黑污,说明这个人就是贼。"

"我还是不明白。我承认你说的,他没有用魔法,但是,请你告诉我,这只有魔法的公鸡是怎样告诉主人,谁偷了东西。"来访者问。

"你不要插话,我即将结束这个故事。工人并不知道男爵在那只公鸡的背上涂满了烟墨(清理灯时弄下的)。没有偷东西的工人放心地去拍公鸡的背,而偷东西的那个工人因心虚就不敢去拍鸡背,这就是只有他的手上没有黑污的原因。"农民说。

来访者应道:"噢,我……"

"见到你很高兴,我要干活去了,还有好些活等着我干。"农民说。

"等一等!"来访者喊住他说:"你知道关于鸽子的故事吗?这件事更难理解。"

在梅尔契斯顿堡,一天晚饭后,约翰·纳皮尔正坐在桌前忙于写作。白天他大部分时间用于管理产业,处理难事,最后他才有可能抓住这点时间来研究数学。

他在修改一个发明。他希望这项发明能帮助数学家,尤其是天文学家,让他们的计算变得容易。这不是一件容易的事,也不是短时间能完成的,经过了近二十年的努力,最后,纳皮尔感到,它可以去接受检验了。

纳皮尔发明了对数,这是一种新方法,使数值计算变得容易,

第八回 是魔术师,还是数学家

既省时间又准确。他的方法是把乘法和除法简化为加法和减法。它为人们节省了大量的时间,尤其用到大数时效果更佳。

他的发现,很快传遍整个欧洲,使得和数打交道的人,都称赞这奇妙的发现。

天文学家们听到这项发现尤其高兴。他们测量恒星之间的距离,必须与很大的数打交道。皮尔·拉普拉斯生活于纳皮尔之后二百年,他谈到对数时,讲它减轻了人们的劳动,成倍地增加了天文学家的寿命。

纳皮尔并不是他家庭中第一个获得名声的人。在梅尔契斯顿堡的走廊里挂了许多军人和国务活动家的肖像。他的叔叔阿达姆·博斯韦尔,曾出席女王玛丽的婚礼,后来为未成年的詹姆斯六世加冕。

也许著名军人家庭的传统激励纳皮尔幻想未来的武器:他设计了能在水下航行的船;他设想,能在前进时向所有方向射击的车辆;他还描述一种枪能射杀一英里半径内的所有牲畜。有关这方面的设想,甚至可怕到连纳皮尔也不愿意去想。后来他拒绝与他的朋友们讨论。在第二次世界大战时,潜水艇、坦克车、机枪的使用,使他的构想成为现实。

纳皮尔没有在教会或政府担任任何职位,然而他卷入了政治和宗教的纠纷。他为了捍卫自己的思想,写了许多文章。他在圣安德鲁大学学习哲学和神学。他性情暴躁为人熟知。但是,当他学习那些课程,心情趋于紧张或泄气时,他总会转到数学和天文学上,以便松弛一下。

纳皮尔的一些同龄人，以他们的冗长、复杂的计算而闻名。雷提库斯于1596年发表的三角学，显示连篇累牍的困难计算。著名的法国思想家韦达，花很多时间做算术。乐于把自己的著作做得如此复杂？纳皮尔则喜爱简便的方法。

　　为了让会计、学者和天文学家的计算变得比较容易。纳皮尔设计了著名的计算棒。这是一种标有数字的棒，正确地排列这些棒，可用来进行乘法和除法以及求数的平方根。这些棒实际上是一种可移动的乘法表——大型的滑尺。在袖珍计算器出现之前人们仍使用它。棒通常是用骨头或象牙制成，有时称之为"纳皮尔骨"。今天纳皮尔棒常用纸做成，这些棒看起来笨拙，比袖珍计算器差多了，但是在纳皮尔时代对经常与数字打交道的人，是大有帮助的。

　　纳皮尔简化计算的想法，引导他去作其他尝试。他曾想设计一种"棋盘算术"：在其上，数可以像棋盘上的"城堡"和"主教"那样到处移动。这想法未能完成。但是另外的想法实现了：他引进小数点，把数的整数部分和分数部分分开，在英国很快就成为标准化的写法。

　　生活于爱丁堡附近的梅尔契斯顿堡的大多数人，不懂得纳皮尔在做什么，他没有得到上层社会的理解。他说那些上层人物除了用他们戴金戒指的手，扳着手指头数数外，什么事情也不会做！

　　虽然纳皮尔的成功没有什么超自然的力量，但他还是易于被人们解释为"魔法"。他们对他的艰苦工作和认真细致的科学程序不予认可。

第八回 是魔术师,还是数学家

"喂!你就是两周前给我讲关于公鸡的故事的人吗?"

从敦提来的旅行者,停在路边,擦去额上的汗:"我正想找你,给我讲讲关于鸽子的故事。"

"对,事情是这样的。几年前男爵的邻居放开鸽子,使男爵不能在家安心地思考。那些鸽子还飞到我们的田里,把尚未发芽的颗粒,从地里刨出来吃。我们警告这个邻居,但情况没有丝毫改善。后来男爵忍无可忍,他向邻居送去一封信:'下次鸽子再飞到我的田里,我将把它们捉起来,放进笼子。'"

"邻居在回信中说:'如果你能捉住这些鸽子,尽管捉好了。'他有十分的把握,相信没有人能捉住这些鸽子。"

"第二天早晨,在我们开始劳动时,看见男爵一人在院子里,往袋子里装鸽子。"

这位旅行者,听完这番解释后,目瞪口呆地站在那里。农民将须微笑。心想,还用得着告诉他,男爵如何用白兰地酒浸泡过的豆子喂鸽子吗?

旅行者还纠缠着问:"喂!接着说他怎样干的?"

"我不知道,我想这是魔法!"

第九回　眼见了,还不相信

> 伽利略(Galilei, Galileo),
> 1564年生于意大利比萨,1642年卒。
> 力学,数学。

"恩里科,明天你愿意帮助我做一个重要实验吗?"教授问。

"伽利略教授,我随时可以帮助你,要做什么实验?"

"你记得我们在课堂上讨论的亚里士多德落体定律吗?"

"当然记得。"学生回答。

"恩里科,现在准备在比萨斜塔上向我的同事和学生证明,亚里士多德错了。"

年轻的学生尽力抑制自己的惊愕,他说:"这可是件不容易的事。其他教授都坚信亚里士多德是正确的,您怎么能改变他们的思想？"

"明天早晨在比萨斜塔见。"伽利略说："事实上，它的倾斜正好满足我们的需要。你能把罗伯特也找来吗？我站在斜塔底下等你们。我希望有一大群人来看。真理最终必定胜利。"

次日，教授和他的两名学生在塔下相遇了。伽利略精神焕发，专心思考着他将要干的事。很快，他向恩里科和罗伯特说明了这项计划。

"你们看，这里是两个铁球。一个轻，另一个比它重十倍。按照亚里士多德的说法，物体降落的速度与其重量成正比——较重的物体降落得较快。所以，人们期望：大球以比小球快十倍的速度下降。"两个学生点头，伽利略继续兴奋地说："我将爬上塔顶，你们站在这里看。当你们看到我在阳台上向你们招手时，你们就预备好手里的钟，还必须向群众说明：每一个球是多长时间接触地面。恩里科你记录小球，罗伯特你记录大球，还有什么问题吗？"

"你知道！我们是尊敬你的，但是如果……"恩里科打断了他的话，他想问教授，如果试验失败了，该怎么办——但是，当他看见伽利略兴奋的面孔时，他没有勇气提这个问题。

学生和教授们聚集在塔的周围。学生们彼此开着玩笑，为他们暂停学习而高兴；教授们彼此也低声开着玩笑，但又比较安静。有些人则为伽利略当时的处境急促不安。

"伽利略竟是这样一个傻瓜，我真不敢相信。为什么他要在全城人面前炫耀自己的无知？"一个人嘲笑地说。

另一个人问："你认为他会上去吗？他已经二十五岁了，怎么

第九回 眼见了,还不相信

会干这样无聊的事。"

又一个说:"亚里士多德必定在墓里辗转反侧,向亚里士多德指出质疑,傲慢到了何等程度!"

最后,在中午的钟声敲响时,伽利略都准备好了。恩里科和罗伯特伸长脖子望着塔顶上的教授。

群众安静下来时,伽利略向他的年轻助手们发出信号,接着两个铁球一齐降落,而且准确无误地同时落地,较重的一个并没有以比较轻的一个快十倍的速度下降。在这件事上,亚里士多德真的犯了个错误。

伽利略在他快步下塔梯时,心情是激动的。但是,在他到达塔外时,他的快乐消逝了。只有很少几个学生留在那儿向他祝贺,而他的同事们则回去工作了。一路上,谈起这件事的人,都说是魔术、是胡闹。他们都眼睁睁地看到了这个试验,却拒绝承认这是事实。为此伽利略陷入了烦恼。

伽利略受如此误解绝不是第一次。几年前,伽利略的父亲温琴齐欧就责骂过他的儿子,警告他,说他会变得一钱不值。这孩子对赚钱不感兴趣,就喜欢思考些怪问题。伽利略很聪明,尤其是在音乐和艺术方面。他的父亲希望他靠这些本领去赚钱。然而,温琴齐欧知道,凭唱歌和绘画致富太难了。他自己就是一位有成就的音乐家,可是他不得不靠卖衣服赚钱来维持这个家。

最后,他的父母决定把伽利略培养成医生,他被送到比萨大学学医,所学的功课令他厌烦,教授们的思想也很陈腐,而且不允许学生在病人或尸体上做实验。

一天,年轻的伽利略在通过大厅时,他注意到教室的门半开着。在里面,学生们都坐在他们的座位上,专心地、有兴趣地学习。他们显然被所讨论的学科——几何——吸引住了,伽利略在外面徘徊、倾听。对于这个年轻的医科学生来说,这是一门新学科,是那么引人入胜。但不久,他开始从医科课堂上逃出来,而去听数学课。

伽利略不知该做什么好。他只知道应按照他父亲的安排去做。其实,他的心并不在那上面。一天,他到大学的教堂里去祈祷,希望得到答案,好让心平静下来。但是,教堂里发生的事,使他激动得彻夜未眠。

伽利略进教堂是在临近傍晚的时候。在他祈祷和反思时,一名工人进来点灯。大铜灯是用链子吊在天花板上的。为了点着它,工人站在骑楼上,用一根长竿把链子钩过来,拉住链子后,让吊着的灯从原处趋向他手中的火焰。当每一盏灯被点燃后,松开钩子,它就像钟摆一样来回摆动,直到最终停止。

这种现象,伽利略以前见到过。但是,这次他注意到一些新东西。他仔细观察到:不管摆幅宽或窄,灯的每一次摆动都用同样多的时间。为了弄准确,他用自己心脏的跳动核对摆动的时间。

回到房间,伽利略就开始用好多种吊着的物体实验。他从附近的铁匠那里借来铁链子和碎铁片。他发现:无论弧的大小,还是吊着的物体的重量,都不影响摆动的时间,只有链的长度起作用,从而发现了摆的定律。最先伽利略想用他的发现否定亚里士多德的落体定律:如果亚里士多德是正确的,在摆动的链子上吊上了两

第九回 眼见了，还不相信

个重量不同的物体，重物会比轻物早到底部——但是，两个物体则同时到达了底部。因此他产生了爬上比萨斜塔做试验的念头。以此发现为基础，他创造了一项发明，这就是脉搏计——后来被普遍应用于医生核实病人的心率。最后，伽利略关于摆动物体的发现导致了摆钟的发明。

在深夜里做的这些试验，对伽利略的学习成绩毫无帮助。过了很长时间，他的父亲来看他，和他讨论今后怎么办？

"我的儿子，你怎么了？"他作不豫之色，"难道你不知道：当数学家是没有生活出路的吗？我们的家庭需要你的帮助。如果你不能当医生，得到一份合适的工作，给家里增加收入的话，你就回家来，给店里干活。"伽利略深为自己没有做父亲想让他干的事而内疚。然而他很难忍受学习自己不感兴趣的东西的痛苦。

"爸爸，我很抱歉。我将努力让你因我而自豪。记得吗？我曾为小孩们造过玩具。也许我能发明点小东西卖。我会尽可能快地给你们送钱去，但是，请你不要逼我放弃学数学。"

他的父亲温琴齐欧被激怒了，甩袖而去，心想：让伽利略干他的傻事，不管他了。但是，伽利略从未忘记他对家庭应负的责任。

1590年，如果温琴齐欧见到其他教授对伽利略在比萨斜塔所做的试验发出嘘声，表示反对，也许他会后悔不该允许伽利略放弃医学。同伴们的蔑视，使伽利略心绪烦乱，但是他从未对选择数学有丝毫悔意。不久，伽利略离开了比萨，而去了帕多瓦大学，在那里他教了18年书。

帕多瓦大学，思想很开放。伽利略被允许继续其有争议的试验和写作。一天,他听到令人震惊的消息:荷兰的一名眼镜制造工人汉斯·里珀希偶然地发现,两个镜片以适当的方式组合,能把所看到的东西放大三倍。里珀希的学徒曾制造几个望远镜,作为玩具。于是,伽利略也着手此项工作,做出了他自己的望远镜,从而使天空向人类开放,供人类研究。

每天晚上,伽利略遥望天空:他看到了月亮上的环形山,大为惊讶!他追踪金星的轨迹,并且,注意到土星的环。最重要的是,他于1610年发现木星有卫星环绕着它。这些观察结果,肯定了著名天文学家说过的话——小天体围绕着大天体转。这些曾引发哥白尼宣布:地球不是宇宙的中心(像每个人所相信的那样),只不过是围绕着太阳旋转的许多行星之一。

伽利略再一次陷入了烦恼。官府和教会认定:哥白尼是持异端邪说者,他们把阅读、学习和讲授哥白尼著作当作非法的!

成百上千的人用伽利略的望远镜来观看,绝大多数人发现望远镜好玩、有趣;很少人认识到它在科学上的重要性;军队的指挥官们很欣赏望远镜的发明,因为它能在敌人看见他们之前,看到在海上行进的敌人。但是,看到不等于相信,就像在比萨斜塔前站着的教授们一样,许多人拒绝接受这个真理。

他们不想改变他们保守的思想,不想承认伽利略关于宇宙的看法是正确的。

在伽利略生命的最后八年,教会掌权人把伽利略看得很紧。他没有发表学术理念的自由。掌权人威胁道:如果不正式撤回他的科学发现,就要审讯他,而且最终被软禁或被判刑。

第九回　眼见了,还不相信

1638年伽利略完全失明了。

"伽利略教授在家吗?"

"在,你是谁?"

"是罗伯特。""罗伯特·诺托诺。""没想到,您还记得我,我是您在比萨的学生。"

"在比萨? 你真的就是在斜塔帮助我做试验的罗伯特吗?"

"是的,教授,就是我。"

"噢,我的好学生! 什么风把你吹来了? 我再也不像疯子那样做什么试验了。"

"疯了的不是我们!"罗伯特激动地说,"正是您启发了我,我对您表示感谢。我坚信:您是正确的! 我永远和您站在一起。我有信心,和您一同干到底!"

"谢谢你,孩子。我希望有别人带上你去探求真理。我已经瞎了,我做不了什么事;加之,我被禁止工作。"

"教授,你的眼睛虽然失明了,但是只有您一个人真正地看到了真理。"罗伯特说:"总有那么一天,全世界会认识到:您是正确的! 总有一天,他们会因为这样对待你而感到内疚的。"

"是吗?! 也许会的。"老教授怀疑地摇了摇头。要是他能看到那一天该多好啊!

第十回　爱沉思的学者

笛卡尔（Descartes，René）

1596年3月31日生于法国图赖讷省拉艾镇（现名拉艾－笛卡尔镇）；

1650年2月11日卒于瑞典斯德哥尔摩。

科学方法、自然哲学、物理学、生理学。

教堂的大钟当当地响着，天还没有大亮，孩子们被早晨祈祷唤醒。他们揉揉眼睛，伸伸懒腰，当脚触及冰冷的地板时，抱怨开了：

"真讨厌，我还想再躺一会儿，管他呢！"亨利抱怨说。

"我也恼火。"杰克插嘴，他把枕头猛掷在床头上。

"朋友们，请小心！"埃米莱警告说，"记得神父夏尔莱特说的话吗？无论谁早晨吵醒了笛卡尔，谁就要受到处罚。"

"是的，我知道。"杰克说，"不过，依我看，他要是早晨锻炼锻炼，也许不会那么瘦弱。"

这几个孩子很快穿好衣服,赶忙去小礼拜堂祈祷,并且在上课之前还要去吃早餐。

这时,拉弗勒舍学校的宿舍已经充满阳光,笛卡尔半睡半醒地睁开了眼。他已经九岁多了,刚在这所学校上一年级。他喜欢上学,父亲为他入学费了不少劲。校长神父夏尔莱特,从第一天起就喜欢上了勒纳①。他比较瘦小,没有同龄儿童那么壮。神父认为,在床上多待会儿,对于体弱的人有好处,因此对于他的休息时间作了特殊规定。

除了让其他小孩揶揄外,也确实使勒纳感到舒服。事实上他在钟响之前就醒了:假睡着,只不过为了不让别的小孩打搅他。大部分时间,他在思考。早晨,宿舍很安静,他能全神贯注于各种各样的思考。有时他还能解决昨天晚饭时讨论的课题。

在五年级之前,笛卡尔学习语言和文学。然后,他又花三年时间,致力于科学、哲学和神学,他最喜欢的是数学。他是好学生,上课认真听讲。但是,他不肯早起,直到睡够了为止。正规的学习只能在白天迟些时候进行,神父夏尔莱特不知不觉地使笛卡尔养成了早晨睡懒觉的习惯,有时要睡到中午,甚至更迟才起床。

虽然他在普互捷大学取得了法律学学位,但是,他不宜于搞法律,他对于这种有严格规矩的职业不感兴趣。他想要看看这个大千世界。他像当时法国的许多年轻人一样,认为参军也许是一条较好的出路。

在军队里,他待了几年,到过许多地方,观察到其他民族的传

---

① 勒纳是名,笛卡尔是姓。

第十回 爱沉思的学者

统和文化。他很幸运,没有实际参加战斗,而只是长时间地休闲。他借此机会读了不少书,思考了许多问题,并且开始写作。

笛卡尔的伙伴们,对他的行为产生疑虑:

"勒纳,你为什么参加部队?"克洛德大声说,"你成天在读书!"

"是啊,"阿伯特补充说,"你至少应该抬起头来说一会儿话。你就那么不喜欢交谈吗?"

"事实上,"笛卡尔答道,"我认为,读好书,就是与过去的伟人交谈。"

"你今天晚上不和我们一起去参加聚会吗?"阿伯特问道。

笛卡尔答道:"谢谢,我累了,我看完这一段,要早点睡。你们去参加聚会,对我来说,正是个好机会。"

克洛德和阿伯特很晚才回到营房,他们安静地上床睡觉,没有打搅笛卡尔。第二天早晨醒来,他们想把昨晚遇到的女孩的事,告诉笛卡尔,然而笛卡尔在他们谈话时,凝视天空,揉了揉眼睛,深深地吸了口气。他们觉得他不对劲儿。

"勒纳,你病了?"阿伯特问。

"你哪儿不舒服,我的朋友,你没睡好吗?"克洛德问道。

"克洛德、阿伯特,听我说。"笛卡尔开始说,"我做了个奇怪的梦。"

"噢,你给我们详细讲讲!"克洛德笑出了声,又用肘碰了碰阿伯特,对笛卡尔说:"梦中的她漂亮吗?"

笛卡尔没有笑,他站起来,开始讲述他的梦:"我的梦分三段。我看到的十分奇妙。我难以用语言把它讲述完全。这个梦清楚地表明我的生活目的。"他向外挥动他的臂膀,就像在讲演,"现在我知道我该干什么了!"

"多告诉我们些!"阿伯特恳求,"发生了什么事?你看到了什么?"

"阿伯特,也许我没法跟你说明白。"笛卡尔回答说:"我找到了开启自然奥秘的钥匙,自然界的事物都是用数学链条相联结的。"

克洛德更糊涂了,他感到笛卡尔的兴奋有些异样,便托词:"我想我还是出去的好,我还有许多事要做。"他在穿靴时,喃喃自语。

"我也走!"阿伯特说:"我和你一起走。"

笛卡尔立即把他的梦记在日记本上,因为他想尽可能详细地记下来,所以他写道:这个梦向他提供了一个"奇妙的发现",他看到了一本打开的书,他像平时那样认真地读它,他弄明白了它的全部内涵。

许多人认为:这个梦给予了笛卡尔解析几何的思想,它在代数和几何之间建立了联系。它以坐标几何著称,这是笛卡尔在数学上最重要的贡献。它完全改变了人们对于数学的认识,它为以后数学和科学的进展创造了前提。

解析几何的思想可能已在这个梦中显现,笛卡尔躺在床上沉思的习惯必定使这思想有所发展。一天,笛卡尔正在休息,一只讨厌的苍蝇在天花板上爬飞,苍蝇的嗡嗡声打搅着他,他没法专注于他竭力想记的诗篇。

苍蝇在靠近房间一隅的天花板上,懒洋洋地爬来爬去。笛卡尔开始思考,如何描述苍蝇的位置,他认为:"如果我们知道苍蝇与

第十回　爱沉思的学者

两扇相邻的墙的距离,苍蝇在天花板上的位置就能够被明确地表示出来。认定了苍蝇位置点的坐标,我们就能用代数来刻画其路线。"妙哉!一只小苍蝇竟然能够促成一项伟大的发现。

笛卡尔在离开部队后,他花了几年时间访问整个西欧的科学家和数学家,他相信:对不同的文化和国家进行考察,能学到许多东西。他旅游时坚持写日记,记下了许多有趣的事,后来用于他的写作。

笛卡尔也探过险,这并没有给他带来快乐。一次,他乘一只小船到了弗里西亚,那里的人穿的是丝绸外衣,戴的是驼鸟毛帽子,这次航行给他留下了很深的印象:

凶狠的水手们没把笛卡尔看在眼里,认为他是个好欺负的人。他们确信:他不懂他们的语言,所以他们毫无顾忌地在他面前讨论谋财害命的鬼主意。

"好!海豹①。"暴徒的一个头目大声喊道,"有办法了。当我们出海,远离港湾时,我吸引他的注意力,你用棒子打他。然后,我们脱去他的这套好看的衣服,夺取他的金银,再把他扔到海里。"

"好办法!"他的同伙们齐声附和,"不会有人知道这儿出了什么事。"他们又大笑,"而且,他绝不会知道是谁打了他。"

然而,笛卡尔懂得这种土语。他等待着,看船离岸有了点距离。然后,在暴徒们行动之前,毫无防备的情况下,笛卡尔迅速抽出他那闪闪发光的剑,把剑尖置于匪徒头目的脖子上。命令水手们把他送回岸上。

---

① 海豹,意指有经验的水手。

也许可以说,笛卡尔的生活是比较平静的,他最后定居于荷兰,这里很少干扰,可以专心研究和写作。他最重要的著作《方法论》,被认为是哲学史上的里程碑,发表于 1637 年,此书对于十七世纪的科学革命起到了重要的催化剂作用。

《方法论》的第三个附录《几何学》是笛卡尔的最重要的数学著作。在其中,他引进并解释了他的关于"代数和几何结合"的思想。还提出了一些在数学上很有实用价值的做法。例如,他用前几个字母 a, b 和 c 表示已知量;用 x, y 和 z 表示未知量。这种规定,至

第十回　爱沉思的学者

今仍为人们沿用。

一天,笛卡尔收到一封来自瑞典克里斯琴娜女王的特殊邀请信。女王要他去瑞典,担任她的私人教师和顾问,她知道他有超群的思想,在物理学、化学、生理学、心理学,尤其是哲学和数学上有重要贡献。他的创造性天才几乎触及所有的科学。她在信中说:"我要建立一所欧洲最好的科技大学,我需要您的帮助。"

笛卡尔得到这样的荣誉,飘飘然,头脑有点发热。但是另一方面,他又留恋荷兰的美好的家。在这里每天早晨他能呆在床上,直到他想起床的时候,他还喜欢在他的小花园周围漫无目的地散步。如果他接受了克里斯琴娜的邀请,所有这一切都要改变。"为什么我要去到处有岩石和冰块的地方去生活呢?"他问他的朋友。然而,笛卡尔最后还是倾向于有礼貌地接受这次邀请。

克里斯琴娜女王只有十九岁,她说出的话从未被拒绝过。她是一位老练的女骑手和女猎人,不想让这份很高的"荣誉"自行消失。她先派一位海军上将去说服笛卡尔接受邀请;然后,又派一艘军舰把他捉来,听她使唤。女王软硬兼施,笛卡尔感到欲罢不能,只好从命。

笛卡尔很怕严寒,可是必须面对。1647年到达瑞典时,这个国家经历了非同寻常的酷冷的冬季。冷天气没有困扰这位强健的女王,她决定:早晨,在她的冰冷的图书馆里打开窗户,听笛卡尔讲哲学。然而这对于这位有长时间在被子里睡懒觉习惯的哲学家来说,简直是残酷。但是,克里斯琴娜对笛卡尔的身体状况,丝毫不考虑。

此时，笛卡尔后悔了，想起了他在荷兰的家，那里有的是温暖、安静和独居。甚至连瑞典人对笛卡尔的尊重和赞美，也改变不了女王的古怪做法。严寒的天气和严格的课程表，不久就伤害了笛卡尔的身体。他得了肺炎，并且一直不好。笛卡尔于1650年2月11日逝世，葬于斯德哥尔摩的一个小教堂的墓地。

第十一回　从业余爱好到白马王子

费马(Fermat，Pierre de)，

1601年8月20日生于法国南部图卢兹附近的博蒙-德洛马，

1665年1月12日卒于法国卡斯特尔。

数学。

"皮尔,你是不是很快就睡?"

"是,路易斯,过一会儿就睡。"

"那就好。怎么你昨天干到那么晚,今早去法院还是那样精神,那样机灵?"

"是的。丢番图的这本书真有意思,我读过的书从未有这样讨人喜欢,这样吸引人的。所以昨晚我真的没有一点睡意。"

"如果你是一位数学家,我能理解。"他的妻子说,"但是,你只不过是业余消遣,何必如此认真。"

第十一回 从业余爱好到白马王子

"亲爱的,你不知道最近我所有的案子都赢了!如果说它能使你高兴的话,我绝不会耽误法院的工作。我认为在法院的辩论能够那么锋利,就是因为我学了数学。"

路易斯不说了,她像往常一样把被子盖到脖子,试图入睡。她认为丈夫是对的,法律界人士都尊敬他,赞美他。他在法律方面的知识给人留下深刻的印象,被人们认为是完美利用这些知识的典范。

皮尔·费马的母亲出身于法官的家庭,在家教他许多年,他很自然地走上了他们的路。路易斯是他母亲的远房外甥女,常以他的荣誉自豪。

路易斯做梦,梦见了她家的花园,这是个美妙而平静的梦。忽然,路易斯被大声的叫喊惊醒。"我得出来了!"费马喊道:"我发现了一个奇妙的证明!"这是他在弯腰取椅子时得到的启发。他马上在一本书的边缘上写了个简单的注记。然后,才满意地松了口气,上床睡觉了。

第二天早晨,路易斯看了她丈夫的书,打开着放在床边。这是丢番图的《算术》,是梅齐利亚克译自拉丁文的。丢番图提出的问题是:

"假定 x, y, z 和 n 为正整数,$x^n + y^n = z^n$ 在什么情况下有解?"

丢番图证明了:当 $n=1$ 和 $n=2$ 时,存在许多解。但是,他未能找出 $n=3$ 时的解,也不能证明不可能解。

路易斯还看到了费马在页边上的注记等。费马的注记是这么写的:"我已经为'n 大于 2 时,此问题无解'找到了一个奇妙的证明,但是这个页边太小写不下。"谢天谢地,这页边太窄,否则她担心他会通夜不眠!

费马捉弄人的注记,使很多数学家付出了无数个不眠之夜。350多年来,全世界的数学家试图证明现在所谓的"费马最后定理"。为其有效的证明,提供了上百种奖。1908年,十万马克准备提供给能找出解的任何人。随后的四年中,有一千多人自称给出了证明,但没一人得奖,因为每个人的证明都是错误的。

1993年,普林斯顿大学数学教授安德鲁·怀尔斯宣称他证明了"费马的最后定理"。他的证明篇幅超过200页,是如此的复杂,使得数学家们需花好长时间来鉴定它。

费马宣布他已经找到了"此方程,在 $n>2$ 时无解"的证明,这是个值得注意的证明。因为他没有展示他的工作的习惯,谁也不知道他是否找到了这个证明。但是费马有优秀的记录,他宣称找到了证明的每个答案都被证明了。

费马总是在猜想与证明之间作出清楚的区别。在他的通信中,甚至在他的个人笔记中,他仔细地确认什么是猜想,什么是被数学证明了的。基于他对此区别的谨慎小心,许多学者认为他确实找到了证明。不像他妻子路易斯那样,他们则希望页边宽一些。

"皮尔,你为什么如此固执地反对发表你的著作?"一天,他的朋友罗伯瓦在费马的图书室里抱怨说,"我乐意帮助你。想想看,你原本应该是名扬天下的!"

"为什么我要扬名?"费马答道,"我有了我需要的一切——在法院当律师是个很好的职位,家庭美满,住房舒适,业余爱好又使

第十一回 从业余爱好到白马王子

我得到充分的休息。我的数学思想,不管它们有多大价值,但要想发表,还要进行很多的修饰。需要浪费多少时间啊?"

费马把名利看得太淡了。罗伯瓦知道必须以另一种方式来和他讨论这个问题。他提出:"你的著作肯定能帮助人类。你也有能力帮助数学家们在他们的研究上寻找突破口。"

费马笑着答道:"罗伯瓦,你真的认为我知道什么有价值的东西吗?我做这些是为了玩儿,只不过是用数学逗乐,根本没什么实际意义。再说,我只不过是个业余爱好者,还是让职业数学家去发表见解吧!"

当费马看到罗伯瓦有点泄气的眼光时,他深深地吸了一口气。然后比较缓和地说:"朋友,谢谢你的好建议。你不知道我与几位数学家还保持着交往呢,我会在任何时候以任何方式帮助他们的。事实上,我现在正与帕斯卡就某些机会预测问题合作得很好。今天晚上,我无论如何要弄明白这奇妙的博弈问题。"

费马的论文只有一篇是他生前发表的,而且未署真名,用的是化名。但是,有些数学家与他坚持书信来往。这些信件显示了费马的个性和他的数学成就。

1654年夏,费马与帕斯卡交换了一系列信件,但是从未相见。他们都对概率论著着了迷,他们开始合作、做实验,并且比较结果。研究中发现了相互类似的结论,费马和帕斯卡都很高兴。

费马写了一封信,特别对帕斯卡在概率论方面的工作予以肯定。

先生：

　　我们彼此相互信任，并且像你一样，我也对此予以高度评价。我们的思想是如此地趋同而且相符，就像是在同一条路上走过了同样长的距离……只要和你在这条路上走下去，就不怕走入歧途。我深信：避免错误的正确方法是自己去寻找解法，争取最后和你一致。

费马

　　费马常讲他对代数和几何的看法："代数是智者给人类的奇妙的礼物，它的许多规则和公式是混乱的；几何学向我们展示现实世界，又过于抽象。"

　　因为代数不完善，几何学也不完美。如果我们从代数借到最好的概念，从几何学借到最好的切入点，也许许多困难都能得到克服。这导致了费马在发展解析几何方面的工作。几乎同时，笛卡尔也在这方面做了重要工作。

　　费马和笛卡尔彼此通信很迟。他们都不知道对方的成果，而他们的结论又惊人地相似。敏感的笛卡尔对费马的工作有点怀疑。费马则不然，他为作为业余爱好者能与有声望的数学家看法一样而高兴。

　　虽然费马在概率论和解析几何上做出了重要贡献，但他最感兴趣的是数论。他爱在整数中间寻找模式和关系。一个黄昏，当他在工作了一整天松弛下来时，他开始思考关于素数的事。除2以外，所有的素数都是奇数。费马对奇数进行思考，发现某些素数

第十一回　从业余爱好到白马王子

能被表示成两个平方数之和,例如 $5=1+4, 13=4+9, 17=1+16$。

无论如何有些素数不能这样表达。他开始问自己:什么时候一个奇素数被表成两个平方数的和?

经过大量的试验,他找到解这个题的钥匙。把素数用 4 除,看其余数,如果余数是 1,该素数能表示成两个平方数的和,如果余数是 3,它不能表示成两个平方数的和。奇素数被 4 除,余数是 1 或 3,二者必居其一。

和往常一样,费马未写出此定理的一个简洁而完整的证明。事实上,它未被证明已有一百多年了。欧拉花了七年时间寻找其证明,最终成功于 1749 年。所谓二平方数定理被认为是费马的最美发现之一。

认为能从数学发现美,似乎有些异常。对于费马来说,这正是其本质所在。他发现在数学中,与在音乐、绘画中一样,有大量的优美与和谐。进行数学思维与听交响乐具有异曲同工之妙,使人头脑清新,心旷神怡,甚至返老还童。

在费马童年时,没什么能帮助他培养对数学的兴趣。他父亲是个皮革商,并不是数学家。费马不是神童,也没有接受过正规的数学教育,只受过初等教育。他的生命不是奉献给解著名数学问题的,而且他对发表其成果不感兴趣。然而他被数学的趣味所吸引,把大部分业余时间花在数学上。他被认为是十七世纪最伟大的数学家之一。数学家和历史学家给予他一个高贵的称呼:业余爱好者的白马王子。

第十二回　算术机的诞生

帕斯卡(Pascal, Blaise),

1623年6月19日生于法国多姆山省的克莱蒙费朗(Clermont – Ferrand),

1662年8月19日卒于巴黎。

数学、机器计算、物理学。

"我不知道对小布莱瑟该怎么办?"埃蒂安内·帕斯卡在他的律师事务所里对一个办事员抱怨说。

"怎么回事?是他不愿学习吗?"

"正好相反,是他太爱学习了。"埃蒂安内·帕斯卡说:"尤其是数学,他简直着了迷。我希望他读些语言文学方面的书,为的是让他轻松些。我甚至想把所有的物理书和数学书都锁起来,但是,这孩子昼夜不停地追着我问问题。"

"这可是有点奇怪。"办事员笑着说:"我的孩子能分上一点他的学习精神就好了。抱歉得很,不该笑。看来这事对你来说很沉重。"

"是的,"埃蒂安内·帕斯卡点头,"上周有一天——请你答应我不告诉任何人。"

"我答应,你接着讲。"

"好!上周有一天,我从办公室回到家,发现布莱瑟坐在地板上绘图。他还没读过一本几何书呢。这,你是知道的。他只有十二岁,你记得吗?甚至,我没有把我掌握的几何知识教给他。但是,他坐在那里做开几何了,做的是'任何三角形的内角和等于两个直角'的证明。朋友,当我看到这种情景时,真有点害怕,怕他对数学过于着迷,损伤了身体。"

"埃蒂安内,我想,你不该和他对着干。必须承认你的儿子有特殊的天才,而且要帮助他发展。总有那么一天,他会有所作为的。"

埃蒂安内·帕斯卡就这样和儿子对着干,把书锁起来,把引起布莱瑟激情的世界锁起来。

布莱瑟毕竟还是个孩子,他常想:要是母亲还在世该多好!母亲在他四岁时就去世了。他的两个姐姐吉贝特和雅凯利内对他非常好,他父亲也是这样。只要能让这个家庭平安、快乐,让他受到好的教育,什么事他父亲都会尽心竭力地去办。

布莱瑟还是个婴儿时,医生就说过,他体质太差,怕活不长。全家人为了保住他的生命,做了种种尝试。在他刚满周岁时,曾让一个乡下医生用一种特殊的秘方治疗过。即是用九株三种特殊的

第十二回 算术机的诞生

香草,而且这些香草必须是由一个七岁的小孩在日出之前收集的。这种治疗对于增强他的体质究竟有没有帮助,谁也说不清楚。

一天,埃蒂安内在布莱瑟读书时向他说:

"今天下午,咱们一同去自由科学会好吗?在那里经常讨论一些引人入胜的问题。"

"爸爸,谢谢您,我喜欢去。"

布莱瑟知道,巴黎的许多最杰出的科学家和数学家定期聚会,讨论他们的研究和试验。

十四岁的布莱瑟对他们的讨论听得那么入神,对那些奇妙的问题和雄辩的语言,简直着迷。以后,他每次都参加,不久就参与了讨论,这使大人们很惊讶,奇怪他怎么会有这么深刻的理解。

1640年,他的父亲被任命为鲁昂税务局局长,这是个责任重大的职位。布莱瑟随着迁往鲁昂,很快就和另一些研究数学的人交上了朋友。

布莱瑟十九岁那年的一个夜晚,是他最值得纪念的一个夜晚。鲁昂的街上是安静的,屋内有点凉意,他的腿有些僵硬,头有点痛,睡不着。他听到隔壁父亲的叹息声。他整夜都在翻账本,数字就是不平衡。

布莱瑟蜷曲着身子,用棉被盖住头,还是睡不着。他仿佛看到了父亲脸上的愁容和受挫的神情。他心想:父亲不该接受这项工作,要是留在巴黎,就不会有这份烦恼。

最后,他确认自己毫无睡意。他想帮助父亲排忧解难,心想:必定会有一个容易的方法平衡他的数。

第二天早晨,面容疲惫的布莱瑟起了床,开始制造一台计算机。当然,这不是在短时间内能发明出来的,其结构相当复杂。不过,他决心要使父亲的计算变得容易。

经过多次试验,最终,布莱瑟让其"算术机"的全部齿轮运转起来了。后来,被人们认定为第一台计算机。一台初创的模型献给国王,一台复制品送给了皇家大臣,当然,另一台留给自己的父亲。他的多数朋友认为,这台计算机是对数学的最大贡献。也许,这就是今天他被认为是"计算机时代先驱"的理由,也是最有价值的计算机语言之一,被称为帕斯卡语言的原因。

雅凯利内很爱她的弟弟布莱瑟,也理解他对学习的投入,然而,还希望他学会休息。

"布莱瑟,该吃晚饭了!"她第三次喊他。此时没有回答,她跑去看他还在干什么。

"姐姐!"布莱瑟高兴地笑着说,"我有真正重要的东西给你看!"

雅凯利内走到桌前,看到排列成三角形的数。"这有什么重要?"她问。

"姐姐,看,数阵问世已经几个世纪了,但是,我从中发现了新的模式。每次我发现一个,它又引导我发现更多的。我不能肯定在此排列中数的模式有没有终结。"

他从桌上拿起一支笔,指向水平行,"例如,这些行的所有的数加到一起是2的幂。如果你像这样对角地移动,任何排列的和都能在这里找到。"

第十二回 算术机的诞生

布莱瑟兴奋地围绕此三角形移动手中的笔。不久,他们二人的晚饭都凉了。帕斯卡继续研究这个数三角形,从中发现许多模式,因此,人们称之为帕斯卡三角形。

```
            1
          1   1
        1   2   1
      1   3   3   1
    1   4   6   4   1
  1   5  10  10   5   1
1   6  15  20  15   6   1
```

帕斯卡一家对数学和科学着了迷,他们也对哲学和宗教感兴趣。布莱瑟在几次偶然逃离死亡之后,曾停止对数学和科学的研究,取而代之的是伦理和道德——善与恶。他深信这些研究很重要,而不应该再思考数学。

一夜,布莱瑟失眠,他开始感到牙痛,很快波及下巴,他的整个头就像要爆炸。那时,牙医最大的本领是使用钳子拔,因此,牙痛病人除了硬挨,别无他法。此时,布莱瑟的各种想法萦回脑际,使他一直醒到天明。

他试图从牙痛中解脱出来,他开始考虑旋轮线——当圆在直线上滚动时,该圆上一点绘出的轨迹。当时的许多数学家为其几何形状所困扰,他头脑里充满了关于旋轮线的思想,没想到他的牙痛竟然奇迹般地好了。

布莱瑟把牙痛的消逝看做是允许他再一次研究数学的信号。

他带着高度的热情,对旋轮线作了八天的探索,发展了关于曲线的一整套概念。他证明在两个非垂直向点之间最速路线不是直线,而是旋轮线。他还发现,两个或多个钢球,从旋转线的不同点,同时松开,会在同一时刻到达旋轮线轨迹的终点。曾多年谋求解这些题的同行们对此十分惊讶。

"我亲爱的蒙西尼尔·帕斯卡,"布莱瑟于1954年收到一封信,"我希望你帮助我解决一个实际问题。我是一名专职赌徒,但是,我的杰出的声誉将被毁灭。我附一张演算纸,上面计算的是自己掷骰子获胜的机会,计算结果说明我应该取胜,但是,我每天输钱。请你快速给我个答案。"

其实,帕斯卡对于帮助赌徒并没有兴趣,但是,此问题的数学内涵勾住了他,他不仅看出了这个著名赌徒的数学错误,而且,开始考虑其他可能性,数学如何能预见机会和命运?他写信给当时的第一流数学家费马,他们二人对此问题所做出的工作形成了概率论的基础。

布莱瑟在其相对短暂的生命中,做出了许多有意义的发现。其中有的是实用的。例如,算术机。欧洲人们认为,第一个独轮车是他发明的。甚至他设计了一辆公共汽车,还对巴黎的公共运输系统提出了许多合理化建议。他的其他发现成为了后来数学家们的踏脚石。他对于气压和真空的研究,为物理学的研究建立了重要原理。他的关于"帕斯卡三角形"的工作,引出了更多的分析和发现。

帕斯卡对名和利都不感兴趣。他很有同情心。1662年6月,

第十二回　算术机的诞生

他让一个可怜的无处可住的人住到他家里。当这个家庭的几个成员得了天花病时,他宁愿到姐姐吉伯特家去住,而不迫使那个家庭迁走。他最后病魔缠身,死于癌症,时年三十九岁。

几周后,吉伯特和管家到弟弟家为他整理财产,决定什么有价值,什么该扔掉,诚非易事。吉伯特发现了些稀奇的东西。

"苏扎内,来看这!"她说。

苏扎内从房间那边走到书桌前,吉伯特打开了几个抽屉,里面全是写着字的纸片,有的破了,有的叠着。

"看来,每一页纸上,有一个精辟的思想写在上面——似乎,布莱瑟在任何时候,任何地点,有了思想火花,就记录下来。"吉伯特自言自语。

"我们把这些都当作废纸扔掉吗?"管家问,"也许这样抽屉就能立即清理完。"

吉伯特不回答,她沉浸于读这些碎片。苏扎内跑到贮藏室,把箱子拉开。当她打开一个时,她的惊叫声引起了吉伯特的注意。

"苏扎内,这是什么?"

"妈呀!三个箱子满满地,同抽屉里的纸片是一样的东西。"她说,"糟糕的是:我们不知道它们是什么。"

"第一等!"吉伯特插话:"在这个箱子里是用绳子捆在一起的,看来他想依此顺序发表。我要仔细地研究它!"

在细查了这些纸片后,吉伯特决定:把布莱瑟思想保存下来,把它们编成《思想录》。这个思想宝库已经对帕斯卡以来的神学家、哲学家产生了重要的影响。《思想录》中包括上百条短语,例如:"我们阅读得太快或太慢,我们会什么也没有理解。"又如"自由过分并不是好事。享有一切必需品并不是好事。"这些话反映帕斯卡细心的推理和他对于理解人生的真诚尝试。

第十三回　建立万有引力理论的人

牛顿(Newton, Isaac),

1643年生于英格兰林肯郡格兰瑟姆镇沃尔索普(Woolsthorpe)村,

1727年,卒于伦敦肯辛顿。

数学、天文学、力学、物理学、化学、自然哲学。

一位精疲力竭的农民,终于干完了挤奶的活。他在裤子上擦了擦手,向家里走去。他想,"风是雨的头,也许我明天该休息了。"

在林肯郡的乡村,夜幕刚刚降临。他抬头看,在月光中树梢在微风中摆动。突然他停下脚步,揉了揉眼,看见树梢外的天空有个亮点,又似乎不可能。然而,他继续注视,那亮光越来越大,然后又变得昏暗,看似覆盖于他的麦田上。

他疾步赶回家,打开门,大声喊:"埃米琳,快出来看!"

他的妻子把刚从火炉里取出来的面包片放下,跑到门前问:

第十三回 建立万有引力理论的人

"亨利,什么事?"

"看,那亮光,你认为它是什么?"

亨利不知道那是什么,但是,那天晚上他久久不能入睡。星期日,村里的农民们聚集在镇上,都谈论着这奇怪的亮光。大家的看法不一,但都说怕有什么不幸的事发生。

克拉克先生是村里的药剂师,他站在人群的外面,静静地听了一会儿,最后,他忍不住道出了真情。他说:"朋友们,这没什么可怕的!其实那只不过是伊萨克·牛顿那孩子放的里面有灯的风筝。他是个很聪明的孩子,这是他的新玩意儿。我确信他没有伤害人的意思。"

刚开始,困惑的农民们感到愤慨:一个小孩竟然捉弄他们!但是,后来当他们听说了伊萨克·牛顿更多的新奇玩意后,渐渐转怒为喜,他们越来越佩服他设计新发明的能力。牛顿小时候的这些发明绝大部分不实用,它们实际上更像玩具。后来他做了一个以水为动力的,能走又能计时的钟,又造了一个小孩能驾驶的机械车,还造了个由一只老鼠拉的磨。

对于某些小孩,学拉丁文和古典文学是很有意思的事,可是,伊萨克对这些课程都不感兴趣。他很喜欢在克拉克的阁楼里上课,在那里周围摆满了有色瓶子和仪器架,还有药剂师的化学书。激发着伊萨克的想像力,他能几个星期呆在那里忙个不停。

伊萨克的继父逝世后,他母亲种地需要帮手,于是伊萨克决定回家当个成功的农民。过了一段时间,他读书还是那样地入迷,后来,他母亲同意老师和地方官的建议,把他送到剑桥上大学。

在剑桥三一学院,伊萨克的成绩并不出众。他好静,不愿与同学交往。一天,他在斯托尔布里奇集市上买到一本关于天文学的旧书。他对书中的行星、太阳和月亮产生了浓厚的兴趣。但是,他读了才知道书中有很多内容不明白。为了弄清这些道理,必须先学几何学和三角学。他开始向大师们请教,欧几里得、笛卡尔、开普勒都是他的老师。

"请问,年轻人,你是伊萨克·牛顿吗?"伊萨克正在树下读书,一位衣冠楚楚的教授微笑着对他说,"我想和你谈谈,我是本校的数学教师。"

遇到伊萨克·巴罗教授,是牛顿一生中最幸运的事。巴罗教授精力充沛,充满活力,是一名杰出的教师。他向数学挑战,并鼓励他们超过自己。这两个伊萨克成了好朋友,一起学习工作,互敬互爱。

第十三回 建立万有引力理论的人

伊萨克·牛顿[①] 开始考虑一个令人振奋的计划,此时,伦敦正遭受瘟疫的袭击。黑死病的死亡率很高,成千上万的人死于此病。因为剑桥离伦敦很近,迫使大学关闭,让学生回家。牛顿回到了林肯郡,回到了农田地里,回到了母亲身边。在等待学校重新开学的一年半时间里,瘟疫蔓延不止,直到1666年,伦敦又遭到另一次打击:一场大火烧了半个城,1.32万个家庭房屋被毁,90座教堂被焚。然而大火以另一种方式帮助了伦敦,瘟疫终于根绝。

回到伦敦,剑桥的教授们惊讶地看到,没有他们的帮助,牛顿做出那么多成果。事实上,牛顿的许多重大发现是独自一人在农村开始的。

巴罗看到这些成果,认定牛顿是个天才。不久,他要求牛顿取代他在大学的职位担任教授。有了教授职位,牛顿搞研究就有了充分的时间和丰富的资料。作为教授,他每周讲一次课,通常大约是一小时,学生要想讨论上周课程的内容时,可以带着问题到教授的办公室请教。牛顿在剑桥教了十八年书,绝大部分时间用于研究。

牛顿从事教学工作的第一年,讲光学课——光和视觉的研究。讲授他引人入胜的研究成果,演示如何能把白光分成各种颜色的光,讲如何做望远镜和放大镜。他的理论发表后,世界各国的人都在拜读。这些也引起了争论,牛顿对此很反感,因此,他发誓不再发表个人的论文,使得他的许多重要发现,很多年封存在他的书柜里。

---

① 伊萨克是名,牛顿是姓。

最终,牛顿的著作被展示在大家面前。除了他的光学著作外,他在天文学和数学上也有许多发现。最伟大的是:他是第一位建立万有引力理论的人。此理论证明,使苹果落在地上和使太阳、星星处于它们各自的位置是由于同样的力——引力。引力的发现对科学产生了重大影响。

在数学方面,牛顿解决难题的能力是惊人的。虽然他在数学的许多分支有著作,但最著名的是二项式定理和微积分。他以他的发现帮助人们理解物质世界。许多问题以前解决不了,用他发明的微积分,就容易解决了。

当牛顿发表其《原理》时,全世界的学者很快认识到了牛顿的光辉成就。著名的德国数学家莱布尼兹说:"从世界开始到牛顿时期的全部数学,他所做的超过了一半。"亚历山大·波普写道:"自然和自然规律沉浸在一片黑暗之中,上帝说:生出牛顿来,一切都变得明朗。"

尽管人们给予他许多赞誉,伊萨克·牛顿仍然保持谦虚的态度,他拒绝发表自己的论文,后经同事劝说才答应发表。

常有人问他:"你是怎样做出这些发现的,有什么秘诀?"牛顿认为,除了毅力和专注,并没有什么特殊之处。他说:"当我做某些事时,我总是思考它,这需要顽强的毅力。我持续不断地把我所探询的课题置于视野,并且期待!"

牛顿集中注意力的能力是如此之强,他的朋友们抱怨他常常忘记了吃和睡。一次,牛顿请朋友吃饭时,他说再去弄点酒,但是,他再也没有回到饭桌前。他的朋友后来发现他拿着一瓶未打开的

第十三回　建立万有引力理论的人

酒,又研究开他的课题了,把请来的朋友全忘了。

在他生命的最后几年,牛顿卷入了政治,他担任了国会议员,并任造币厂厂长。他还被任命为皇家学会主席,皇家学会是英国领导数学家和哲学家交流思想的地方。虽然他把注意力转向了其他方面,但从未失去解决疑难问题的卓越能力。他做学问的道路是:科学方法、实验、分析、再实验,循环往复。

伊萨克·牛顿的外表很平凡、矮小、软弱、害羞、多愁。上大学前,他是一名差等生,他的老师以为他懒,但是,几乎可以说他是世界上最伟大的数学家。牛顿认识到:数学家要想取得成果,一要继承前人的成果,二要与同行交流经验。他常常鼓励其他人的研究,并且,他还知道对先驱者感恩。他说:"如果我看得比别人远些,那是因为我站在巨人的肩上。"自那个时代以后,每一位数学家和科学家都站在伊萨克·牛顿的肩上。

第十四回　眼不亮而心明

欧拉,L.(Euler, Leonhard)

1707年4月15日生于瑞典巴塞尔,1783年9月18日卒于俄国圣彼得堡。

数学、力学、天文学、物理学。

这天很安静,街上行人的谈话声清晰入耳:在他们向前走时,边走边大声地自夸和争论。

"看,我计算得这么仔细,你必定有错误。"

"我错了?你为什么不肯承认真理!我比你花费于学习的时间多——我是最高班的学生。"

"年龄和经历代替不了脑子,我的朋友!"

两个年轻人,疾步走在狭窄的铺鹅卵石的路上,在一个门前停住脚步,轻轻地敲门。

当他们的欧拉教授出现在眼前时,他们尽量压低声音,但是,仍然有些紧张。

"欧拉教授,"一个开始说,"实在抱歉得很,来打扰您。上周您给我们留的题,弗里兹和我得到的答案不一样!"

"先生,尼古拉斯的意思是他得不到正确的答案。"

欧拉笑了,也许想起了自己年轻时精力充沛和争强好胜的样子。虽然他现在双目失明,但他能想像出两个学生眼睛里的激情。

"什么问题困扰你们?"教授问。

"问题就是您要我们做的:一个收敛数列的前边 17 项之和。"尼古拉斯解释说,"我没感到困难便完成了这个计算,虽然我必须承认,这太麻烦,太费时间。我认为……"

"只算出来不行!"弗里兹插话,"你必须肯定它是正确的。"

"教授,在第 50 位小数,我们不一致。"尼古拉斯继续说,"你能理解,我不愿意把整个题重演算一遍,因为我确知,我的答案是正确的。"

在他俩争论时,欧拉教授没有用铅笔和纸,在脑子里做了这道题,把正确的答案告诉他们说:"这是正确的。"

两个学生对于教授令人难以置信的思维能力十分佩服,以致忘了他们的争论。他们在回家的路上,仍然沉浸于刚才发生的事中。

"你相信谁能在脑子里加那么多数吗?"弗里兹并不期望答案。这两个学生知道,那是不可能的——然而,他们相信,这就是刚才亲眼所见的事实。

第十四回 眼不亮而心明

"你认为,因为他双目失明,所以变得容易了吗?"

"也许,但是我早就听说过关于他心算的故事:在他年轻还有两只明亮的眼睛的时候,爸爸告诉我一次欧拉教授不能入睡,他在脑子里把1~100的每个数目自乘六次,不仅如此,几天以后,他还能记得整个数表。"

"真是异乎寻常,但是我相信你说的话。"尼古拉斯又说,"有他作为我们的老师真是幸运!"

列昂纳德·欧拉小的时候就勤奋好学。他喜爱文学、音乐和科学。他的父亲是一个乡村教堂的牧师。他父亲希望儿子跟上他的脚步。但是对列昂纳德来说,数学是最吸引人的。虽然他学习宗教,并且接受他父亲的信仰,他选定:把他的毕生精力用于组织数学概念和发现神秘的数的世界中的新方法。

有时,欧拉的朋友们真怕他爱数学爱得过于深沉。当他在俄国圣彼得堡从事数学研究时,让他解决一个天文学问题,他只用了三天时间就构造出了一个复杂的解法,使俄国许多优秀的科学家大为惊讶。但是,这样的专注并不是不花费代价的:过了几天,欧拉发起了高烧,等高烧退下去以后,欧拉的右眼已失去了视力。

后来,他的左眼又产生了白内障,也逐渐失去了视力。但是他没有泄气。他训练他的儿子和助手帮他工作,自己口授,让他们笔录。他以一块大石板作为黑板,当某个概念需要以例证说明时,他就在石板上用粉笔画一个粗略的笔画,以表明他的意思。他的助手们认真地记录下这些笔画,以备使用。

当欧拉最初接受将永远失明这个事实时,他告诉他的朋友们

"现在比以前更少分心了。"显然这话是对的,这位发表了许多科学和数学论文的教授在双目失明以后,做出的成果更多。

列昂纳德·欧拉出生于瑞士,他一生中更多的时间是在俄国和德国从事数学研究。他会说德语、法语和俄语,但经常用拉丁文写作。他是大家公认的最多产的数学家。他为俄国初等学校编课本,他还写了许多论文。欧拉在逝世前写出的论文,只列标题就要用50页纸。他每年的成果平均800个印张,4 000封信不计在内。他工作迅速认真。有人问他怎么能写得那么多那么快,并且全部正确无误,他有点害羞地说:"噢,我的铅笔比我聪明。"

欧拉的绝大多数著作是关于数学的,并且把数学应用于许多实用的领域。他的论文涉及面很广,有枪炮、北极光、声学、航海、造船、彩票、磁和天文学等等。

欧拉在一篇论文中解决了德国一个小镇一百多年前就提出来的问题:

柯尼斯堡的居民们计划在他们的旧城举行一次节日游行,他们要让游行队伍经过该城所有具有历史意义的地方。但是这城市建在普里格河中的一个岛上,它以七座桥与周围的陆地相连。

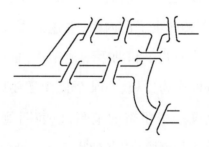

没有人能画出一条路线让游行队伍经过每座桥一次,且仅一

第十四回 眼不亮而心明

次。欧拉是证明此问题不可解的第一人。于是,柯尼斯堡的人们不得不放弃这样一条路线的打算。作为这一问题的结果,欧拉开辟了数学的一个新领域——拓扑学,几何学的一个分支。

人们都喜欢欧拉,他总是那么乐观,并且特别喜爱小孩。他有十三个孩子,虽然只有五个活到了成年。欧拉常把婴儿抱在膝上同时做数学,他喜欢和他的孩子们一道看木偶戏,遇到令人发笑的情节,他便大笑,逗得别人都笑他。甚至在整个房子里充满了孩子们追猫玩的笑闹声时,欧拉还能专心致志地研究数学。如果他在吃晚饭时,想起了一个复杂问题,他会立即离开饭桌,去继续做他的研究。如果他的计算是在纸上进行的,就不会那么引人注目的;但是,计算过程通常是在他的头脑里进行的。

今天数学上用的许多程序和公式,不少始创于欧拉。有些就以他的名字命名,例如,"欧拉线"、"欧拉常数"和"欧拉角"等等。

"欧拉公式"常被用于几何学,他发现,对于某些立体:面数加顶点数,等于棱数加 2 或 $F+V=E+2$。

数学上的许多符号,也是欧拉建立的,他选定以希腊字母 π 表示圆的周长和它的直径的比。这个符号以前有人用过,但是,欧拉把它用在课本上,使它被广泛使用。他用小写字母 a,b,c 表示三角形的边,用大写字母 A,B,C 表示某边所对的角。并且他引进符号 $f(x)$,简化了代数的程序。他在现代数学中的作用,超过历史上的任何数学家。

欧拉的光辉思想是我们的宝贵财富。他不屈不挠的精神,更值得我们学习。欧拉的最大困难是他的失明,他不能看他的儿子和孙子,也不能照顾自己,然而,他还是不停地工作。在完全失明五年后,一次医生为他做手术,希望让他重见光明。手术惊人地成功,在短时间内,欧拉恢复了部分视力,但是眼睛感染了,在几天剧痛后,他的眼睛永远地失明了。

这个时候,欧拉正在研究月亮运动的规律,计算难以置信的冗长,他的助手忙着记录下来,许多张纸写得满满的。这位大师在他的石板上画下了曲线,写下了粗略的公式,助手也仔细地记录了他的发现。当他们看到欧拉像孩子般的热情时,彼此相视而笑。

一天夜里,干了一整天工作后的管理人员被叮叮咚咚的报警声音惊醒。"火!火!"人们喊着。当欧拉摸着起床时,家里的烟味已经很浓。他竭力摆脱睡意。这时街上人们的喊叫声、铃声和其他嘈杂声交织在一起。使欧拉感到像是可怕的噩梦。

"欧拉教授,您还好吗?"说话的是彼得·格林,他忠实的瑞士仆人。"我们必须赶紧逃!我在这儿,抱住我的脖子,我把您背在背

第十四回 眼不亮而心明

上。"

格林用一只手把欧拉抬起,而用另一只手防御烟火和落下的残砖,最终他们逃出来了。

"感谢上帝!欧拉教授,您还平安!"他的助手气喘吁吁地说,"我尽可能地抢出了您的关于月亮的论文,然而不知是否全拿上了。"

"孩子,不用为此烦恼。"欧拉说,"我们能再写一次。咱们都活着,我就高兴!"

欧拉在圣彼得堡的房子和许多其他建筑物一道毁于这场大火。欧拉的所有家具、书籍及许多数学论文,都被烧了,只有少部分被抢救出来。正如他说的,每篇论文都存在他的脑子里。俄国女王叶捷琳娜二世,对欧拉的工作十分重视,当她听到这场大火的事后,送给欧拉一套新的、装饰过的房子。

欧拉从未失去对新发现的激情。他临终那天,早晨计算气球如何上升,中午给出天王星的轨道——这是一个新发现的行星。在与朋友们共进晚餐后,他吹笛消遣,并且和他的一个孙子谈话。孩子们喜欢欧拉,他因他们的在场而感到充满活力。他在与一个小孩玩时,突然中风。他拿起身边的一支粉笔,写下"我死了"三个字。他的生命虽然结束了,但是他的影响没有结束。他为今天的现代数学塑造了雏形。

第十五回　助人为乐的数学家

阿涅泽(Agnesi, Maria)

1718 年生于意大利, 1799 年卒。

数学。

　　当！当！客厅的钟响了, 玛丽娅紧锁眉头, 注视着书桌上的微积分作业。已经午夜两点钟, 早该休息了。要不是这道题吸引着她, 她早已疲倦不堪而去睡觉了。玛丽娅朝桌上的题做了个鬼脸。从她吃过晚饭, 就做这道令人恼火的题; 什么事只要她做开了, 不达目的誓不罢休!

　　在这安静的夜晚, 玛丽娅能听到姐妹们熟睡中的呼吸声。最后, 她放弃了摆在桌上的作业, 爬上床睡在她们外边。这道题只好等到第二天解了。

早晨,通过百叶窗射进来的阳光很温暖,玛丽娅舒展一下胳膊,打了个呵欠,思索着想知道昨天夜里去过哪里,她拖着疲倦的身体起了床,走到桌前。"为什么我这么累?"她看到桌上那几页纸上写的演算,记起来了,"那道题纠缠我直到夜里两点。"她决定在早饭前重新想一想这道题。但是,当她的笔触及纸时,她惊呆了。

"泰雷萨,"她气喘吁吁地说,"这是你解的吗?"

泰雷萨拉开身上的羊毛毯问:"解了什么?"

玛丽娅无话可说。她知道她带着没有解出题来的烦恼上了床。但是,现在她桌上却放着解好的题,是她自己秀丽的笔迹,她是在做梦吗?

泰雷萨坐起来,不满意地说:"你为什么不让我们多睡会儿?玛丽娅,你每天花那么多时间做数学就够糟糕的了,为什么还要半夜起来?"

"你说,半夜是什么意思?"玛丽娅问。

"三点半是什么把你唤醒?"泰雷萨打了个呵欠,"当我听到你起床,看见你点着蜡烛坐在桌前时,我简直难以相信,你怎么会做开了数学,就不知道累?"

玛丽娅揉了揉眼,再一次看这道题,在昨夜上床之前,她从未想到该用这种方法解它。但是,发生了的事不容否认。她记不起后来做过它,她是在睡梦中解了这道题!

自此以后,玛丽娅·阿涅泽得到了梦游者的称号。她经常在睡梦中走路和工作,多次给家庭和朋友以欢乐,也有几次造成烦恼。

玛丽娅儿时就显出特殊的天赋。五岁,她就学会了说法语,而

第十五回 助人为乐的数学家

且很流利。四年后,她会说拉丁语、希伯来语和希腊语,她卓越的记忆力似乎把学习变成了游戏。

整个欧洲,拉丁文对学者们来说是最重要的语言,大多数大哲学家以拉丁文写作,玛丽娅用拉丁文写过一个建议得到发表,内容是:高等教育对妇女开放的重要性。这充分证明她的拉丁文娴熟到什么程度,那时她只有九岁。

玛丽娅的父母以她在哲学和数学方面的显著才能而自豪,因而她的父亲聘请了意大利最好的教师教她。在玛丽娅十岁时,她父亲就让她见世面,他在每周五晚上组织一系列讨论会,把最有学问的朋友们请来,并且让她在这样的聚会上显示自己的才能。

最初,学者们测试玛丽娅理解抽象的数学问题和复杂的哲学概念的能力,她感到有趣。但是,经过几次,她就感到厌烦了。这种聚会中经常有人想找出她不知道的事问她,使她窘迫。她很不乐意接受别人的诘难。

一个星期五晚上,萨苏尼王储来参加,他坐得笔直,整了整领子,清了清嗓子问道:

"阿涅泽女士,抱歉得很!"他开始高声说,"你读过笛卡尔的《指导思想的法则》吗?"

"先生,是的。我读过。"

"是法文的吗?"

"先生,是的,是法文的。"玛丽娅·阿涅泽怀疑他为什么在这时提出这样的问题。他们曾讨论过他的几何学,没有讨论过他的哲学。

整个房间突然紧张起来。是王储发现了玛丽娅推理上的缺陷吗?每个人都安静地等待平时认真的王子说下面的话。

立即,他拍了一下膝盖,大笑一声,脱口而出:"我还以为你能写它呢!"

人们都轻松地笑了。只有玛丽娅没笑。她父亲的这些朋友喜欢某种智力的荒诞,对于在他们面前显示,玛丽娅已经感到厌烦了。第二天早晨,父亲在他的图书室读书,玛丽娅去到他那里。

"爸爸,我能进来吗?"她柔和地问。

"当然可以。玛丽娅,有什么事?"

"爸爸,我尊重您。您知道吧!"

"这个,我理解。"

第十五回　助人为乐的数学家

"我佩服您作为数学家和教授的工作。"她继续轻轻地说,"您给了我很好的教育,并且总是鼓励我发展自己的兴趣。为此我对您感激不尽。"

"玛丽娅,大家都喜欢你。"父亲微笑着说,并准备回到自己的工作上。

"爸爸,"她踌躇了一下,"我想从现在起不参加聚会了。"

"你,为什么?"他父亲有点生气地说。

玛丽娅很快陈述了自己的理由。"泰雷萨喜欢在晚上弹钢琴(拉弦古钢琴),她能去做。我也有自己的爱好。再说,绅士们没有我在场,能更好地进行他们的讨论。您知道他们读了很多书,又那么有学问,何必把我搅和进去呢!"

"但是,……"父亲试图找合适的词语。

"爸爸,我不愿意受到不尊重。但是,我已经为了您这么做了五年;在这段时间里,我只是尽力而不是心甘情愿的。"

她呼吸急促,竭力使自己平静下来,期待父亲的谅解。

"玛丽娅,你碰到了什么麻烦吗?"父亲辩护道,"你难道不感到能见到意大利这么多名人是自己的幸运吗?而且,他们不仅是意大利人,还有从欧洲其他国家来的。他们都愿意听你谈话。你姐姐能弹钢琴,但他们不会来这里听琴声。"他很生气地摇头,"尽力而不甘情愿!怎么能这么说。现在让我单独呆一会儿,我将再次找你谈话。考虑一下我说的话。"

玛丽娅安静下来了,由于父亲的反对,她的心怦怦直跳。她真的不愿伤害父亲,但是,她为自己的生活已经安排了另一种计划。

最后，她鼓足勇气再次对父亲说："爸爸，我已经决定做修女，搬到修道院去住。我宁愿去帮助病人和穷人，而不愿让有钱的人和受过高等教育的人逗乐。"

"玛丽娅，"他轻声地说，"很抱歉！我不能让你这么做。"

父亲拉住女儿的手，并且，轻轻地把她拉到椅子上。"我们订个协议：你可以不参加星期五的聚会，但是，请你不要去修道院。如果你留在家里，我将允许你做你想做的任何事。"

玛丽娅失望了，但是她的心被她父亲充满爱的语言温暖着。她提出三点要求：第一，她要求穿着简单朴素，就像生活在修道院中一样；第二，她要求不参加打球、看戏和其他这类社会活动；第三，她要求允许她专心致志地研究所喜爱的数学。父亲都答应了。父女俩对此协议都感到满意。

玛丽娅在家里的任务之一是教弟弟们的数学。每当她对所用的课本不满意时，她就自编和补充教材设计作业题，以帮助他们理解。当她知道别的学生也需要这种帮助时，她决定为他们编写课本。

利用空闲时间，玛丽娅有计划地进行自己的工作。在十多年中，她系统地表述了代数、解析几何、微积分和微分方程。她在课本中用许多典型例题帮助读者更好地理解概念。

1784年，玛丽娅·阿涅泽的《分析基础》最终准备出版。印刷者把工具搬到她家来，为了便于她能监督该书的付印，并且答复细节问题。《分析基础》，两卷本，1070页，以手工造纸印出，得到数学家们的赞赏。教师和学者们对此书写得如此清楚和内容丰富而激动不已。虽然,它是由一位陌生的、不知名的人写的,但它却被认为是近五十年最具有权威性的课本。

对阿涅泽的喝彩来自全世界,包括世界上声望最高的法国科学院。她的书被奉献给澳大利亚的女王玛丽娅·特里萨,而女王送给玛丽娅一个漂亮的钻石环和镶着钻石的小水晶盒。意大利的波洛尼亚科学院接受阿涅泽为会员。

但是更为阿涅泽珍视的是收到了教皇本尼迪克特十四世的信。她对数学感兴趣,并且与她就她的工作有个人通信。他送给他一个金花环(安放在珍贵的石头上)和一枚金质奖章(标明着她的成就)。1750年,在教皇的推荐下,她被聘为波洛尼亚大学的荣誉讲师。

阿涅泽的书是用意大利文写的,并被译成几种文字。英译本出自剑桥大学教授约翰·科尔森之手,这造成了错误的"巫婆"的故事。

特殊的钟形曲线被认为是阿涅泽的工作中最光辉的章节之一。此曲线,意大利文称 La versiera,是从拉丁字转动(to turn)导出的。但是 versiera 在意大利文中也有"巫婆"的意思。科尔森学过意大利文,所以他能翻译阿涅泽的书,他错误地称她的著名曲线为巫婆曲线,不久,此曲线为整个英语世界所熟知,并称之为阿涅泽的巫婆。显然,在这里用巫婆这个词是个大错误。

阿涅泽作为数学家工作和写作大约只有二十年。她的大部分时间用于帮助贫困的人。慈善事业使她得到心理上的满足。她过着简朴安静的生活,把她的时间和财富给予那些不幸的人。她甚至把女王和教皇给她的钻石也卖了,然后,把钱给了穷人。有一次,她把自己的房屋也放弃了,为的是让几个无家可归的女人有住处。

1762年的一天,图灵大学的官方给阿涅泽一封信:"我们很希望您能对我们年轻的数学家的工作做出评价。署名人:约瑟夫·拉格朗日。"信中还说,"我们知道没有哪个人更能评判这些工作的价值和意义。"

玛丽娅答复得很肯定,"我再也不想干这类事。"

玛丽亚·阿涅泽,很像安慰天使,受到许多人的尊敬和喜爱。她逝世于1799年1月9日,享年八十一岁。应她生前的要求,葬于公墓,与在她家住过的十五位住户葬在一起,没有碑石标志。

在阿涅泽逝世一百周年,米兰市以她的名字重新命名了几道街的名字。米兰的学校以她的名字命名,并设玛丽娅·阿涅泽奖学金,授予该市的贫困女孩儿。

玛丽亚·阿涅泽对数学最重要的贡献,是她的微积分课本,法国科学院声明:"没有别的书能够使读者这么快、这么深地看透分析的基本概念。"阿涅泽深信,帮助别人是人生活的真正目的。

第十六回　热心的天象观察者

班内克，B.（Banneker, Benjamin），

1731年生，1806年卒。

天文学、大地测量学、数学。

本杰明笨拙地扑倒在阴凉的草地上，把他的臂和腿尽可能地伸展开。他深深吸了一口气，吸进了甜甜的橘子花香。

马里兰的早晨格外美丽，梨花像雪花一样在微风中飘洒。当本杰明注视天空中一阵阵飘来的白云时，他想："有的白云那么快地掠过太阳，而另一朵像烟斗似的白云，仿佛一点也没有移动。"

"本杰明！本杰明！"他母亲爬过山脊责怪他："怎么听不见我喊你？你已经九岁，该懂事了。如果你不把那些母牛圈入栏中，你就不能和你爸爸一道下田劳动。现在，快点赶牛！"

第十六回　热心的天象观察者

本杰明紧走两步，想告诉母亲关于他观察到的云朵。不用他解释，他的母亲早就明白了。她的儿子总喜欢仰视天空。一次，她开玩笑，抓住本杰明的衣领，让他脸朝天空，把他吓了一跳。

本杰明顺从地走回来，诱哄最慢的三头母牛。"来，摩尔，往前走。"

他的母亲，仍然在可听到的距离内，停下脚步，"你叫它什么？"

"摩尔，是摩利的简称。"本杰明解释说。

"这正是我想问你的。你怎么竟用你祖母的名字给一头母牛取名，如果她听到了，一定认为这是对她的不尊重。"

"我想她会高兴的，因为建议用这个名字的正是祖母。"

"是吗？你的祖母告诉你用她的名字为这头母牛取名？"

本杰明裂开嘴笑了，在那头母牛临进牛圈时，拍拍它的背；每天赶上牛群转移两次，使草地得到均衡的放牧和施肥。他用手紧了紧牛栏的门，并且，继续说："上周我去看望祖母摩利（Molly），我告诉她这头母牛是多么老实和多产，也很强壮。祖母笑了，并且说：'完全像我，为什么你不称它为摩尔（Mol）？'"

本杰明在他的家庭农场辛勤地劳动。当用不着他圈牛时，就在菜园里干活或在小橘园里修剪橘树。有时，他还帮助父亲养蜂。本杰明和她的姐妹们以他们向市场供应高质量的蜂蜜而自豪。

早春是种烟草的季节。本杰明的父亲要从去年已收获的烟草中精选出良种，并细心地种到地里。最初，本杰明每天都要跑到苗床去看发出的芽。他计算每一根幼小的绿芽，然后匆匆地回家吃早饭，并报告这天幼芽的总数。

半个月后,种苗已经可以移植了,于是,移植成行距为三英尺平行的行。他的父亲掌握了规律,知道依据气候和土壤的湿度,什么季节该干什么活。艰苦的工作刚刚开始,家里的每个人必须帮忙,一次又一次地在这些行间走过,拔杂草,除害虫,然后,对每一株必须截顶,掐叉枝,使它长得枝强叶茂。

辛勤劳动后的一个夜晚,本杰明大声提问:"咱们家是不是应该不种烟草而转移到养蜂上?"他说,"烟草是上帝创造的最麻烦的作物。今天,当我锄地时,我计算了,在培育烟草上,有三十六步骤。"

他父亲严厉地说:"本杰明,你的智慧应该用于你的工作,居然去算开了这个。生活中的什么事都来之不易。"

到了收获季节,本杰明常常感到困倦,为了提起精神,他就想到将来来临的冬天能上私立学校。在每年最冷的几个月,一所小的乡村学校为附近的儿童开学。这是一间只能容纳七八个学生的学校,本杰明很喜欢它。他的祖母摩利,在他很小的时候,教他读书和写字,但是家里没有书。在学校,不管什么书,他都爱读。当他长大以后,必须整天在农场劳动,不得不离开学校。但是,这并不意味着他必须离开学习。他舍不得离开自己心爱的书;对他从老师那里借来的书——尤其是数学书,更是爱不释手。

十八世纪早期,大多数美籍非洲人还是奴隶,但是,班内克一家是自由民。本杰明的祖母摩利,于1683年从英国迁到马里兰。她是一名合同仆人,为了得到自由必须无偿地工作七年。祖母身体强壮,是一位女强人,不久,她就获得自由,她能够为自己购买土

第十六回 热心的天象观察者

地。虽然,她反对奴隶制度,但是她知道种地需要劳力。在那个时代,得到劳力的唯一办法就是购买奴隶。她买了两个奴隶,过了不久,就给了他们自由。其中之一,是班内克,他是非洲酋长的儿子。后来,他和摩利结了婚,在美国建立了班内克家族。

祖母摩利在她的家族里是最有权威的,她教她的儿子和孙子读书和写字,还让他们认识独立和自由的重要性。她告诉本杰明的每一个字,本杰明都能记忆和理解。他所见到祖母的农场,正在其鼎盛时期。

本杰明·班内克二十二岁时,做了件事使他的祖母大为惊讶。他造了一座钟,这对于没有受过这方面训练的人来说,是很困难的,但是,他只是仔细察看了一个借来的怀表。在粗略地勾画出齿轮和零件之后,班内克计算了每一个部件要多大尺寸才能使这座钟走得准确。然后,他极细心地用木头刻好,并使它们彼此吻合。在他的各项工作完成后,装配了起来。这座钟报告时、分、秒,每隔一小时,还打一下铃。人们从附近的山村跑来看钟,称赞这是个了不起的成就。

父亲去世后,由他接替管理农场,还要维持母亲和姐妹们的生活。用于搞研究和发明的时间就减少了。三个姐妹,先后都出嫁了。这样,班内克用于照料菜园和养蜂的时间更多了。因为,没有别人帮他的忙。

班内克虽从未结婚,但是他的生活并不单调。他持续地在其农场劳动,而所有的空隙时间都用于读、写、搞音乐。他自学笛子和小提琴。黄昏时分,农场的活干完了,他常在橘园附近演奏他喜爱的乐曲。

当埃利科特两兄弟和他们的家迁到巴尔的摩州,沿着帕塔普斯科河开始修建一架水磨时,这里的生活变得更加振奋人心,十里以外的人们都跑来观看,感到好奇。班内克最先是站在远处看。他从未见过这样巧妙的机械。水磨运转完全是自动的,是他们机智地利用了机械原理。过了一段时间,他的好奇心克服了胆怯的心理,他与埃利科特兄弟相识了,不久,他和他母亲为磨坊的工人们提供了更多的食物。

在以后的几年中,年轻的埃利科特与本杰明·班内克建立了深厚的友谊。乔治·埃利科特对科学和数学有浓厚的兴趣;不久,就发现班内克也是这样的。虽然,班内克年纪大多了,乔治常常走访他。他们俩成忘年之交,彼此讨论他们读的书,以及他们的思想和幻想。

一天,乔治突然驾驶一辆货车来到班内克的院里,他喊道:"班内克,你在哪里?"

班内克正在苹果园里为果树剪枝。听到喊声,从房子后面跑了出来。

"班内克,我为你找到几件东西,你要保存好。"埃利科特边说边往下卸,把几箱书拉进了房里。班内克惊讶地注视着这个年轻人,张大嘴笑着。

"我用这些干什么?"他搔头,问道。

"噢,你不久就会明白!"这时,乔治在班内克饭桌上放下了几个球状物,一套制图仪器和许多工具。在他的货车最后一次达到

第十六回 热心的天象观察者

时,乔治小心翼翼地取出望远镜的玻璃管。班内克无言地站在那里。

"今天,我没有时间向你展示如何使用这些东西。"乔治的车飞快地离开了,边走边大声说:"过一个月,我会回来向你解释这一切。"

班内克忘了这天还有什么农活要干,他正专心察看乔治留下来的这些东西。那天晚上,星星出来了,他把望远镜装好,开始观察天空。"我多么喜爱观察它啊!但是,我从没想到过有这么多好看的景象!"他惊讶地欢呼起来。

夜复一夜,他与星星共游梦乡。白天,他攻读天文学书,试图理解他用望远镜看到的景象。他还认真地记笔记,比较不同时间观察到的星星的位置。

埃利科特还没回来,班内克已经掌握了书中的材料。甚至,他画出了一次日蚀的准确的投影图。这需要许多计算(包括对数),然而,他没有在困难面前退缩。他为农场需要他关照而感到烦恼,而又不能丢掉这个学习天文学的好机会。

一天,班内克产生一个想法,他要为年历计算星历表。在殖民地时期美国人的生活中,几乎没有任何可靠的信息,唯一知道的是:在固定的日子,太阳何时出,何时落。而星历,农民要靠它定栽培作物的计划,航海者要靠它了解潮汐的涨落及恒星的位置。

星历是历书的最关键的部分,也是最难编的部分。每天要填写太阳、月亮和行星位置的表,而且要十分准确。这工作需要成千上万次准确的计算,而且要每年重做一次。

与其说由于任何别的理由,不如说是为了自己的爱好,他开始汇集星历。当乔治·埃利科特看到班内克的记录时,鼓励他把它发表。

班内克的历书发表于 1791 至 1797 年,并且,被广泛地分送到整个宾夕法尼亚、马里兰、特拉华和弗吉尼亚。由于其准确性和价值受到认可,同时证明了:美籍非洲人也能对科学和数学做出贡献。提供给废除奴隶制的社团,鼓动销售历书,并用以作为他们反对奴隶制的论据。

当华盛顿被定为美国的新首都时,梅杰·安德鲁·埃利科特被选拔去测量边界。测量队中,他需要一个可靠的人,任务是准确地保持观象台上幕上的天文钟。这是极其重要的,因为天是不变的,而所有的其他测量要受它的指导。这项工作需要忍受冷冻和潮湿,而且通夜不定时地察看。埃利科特认为,只有一个人能承担这项任务,那就是本杰明·班内克。

班内克以成为这项计划的一个成员而自豪,并且,他以在他的工作地点有如此精密的设计而欣慰。但是,这项工作对于一个六十岁的人来说,实在太辛苦,太累了。这是他第一次离开马里兰的小山村。然而,班内克信心百倍地承担起这个任务,成为远近闻名的测量和天文学家。

班内克在他七十五岁生日的前一个月,久病之后,便与世长辞了。

第十七回 承认无知的教授

拉格朗日(Lagrange, Joseph Louis)

1736年1月25日生于意大利都灵,

1813年4月11日卒于法国巴黎。

数学、力学、天文学。

"现在我们来看,"一位头发蓬乱的学者喃喃地说,"如果我们取这段弧长,并且把它分成十二等分,再将其中的一个又分成十二等分,如此循环下去,就能产生越来越小的测量单位。"

"你能证明给我看吗?"另一人问道。

"能。此弧为四十三个单位长。在十二等分之后每一个单位是3.583 33子单位。这些中的每一个,再分为十二等分,等于0.298 611子单位。无论我们怎么称呼它都十分简单。"

约瑟夫·拉格朗日清了清嗓子,脸有些红,愤怒地打断他俩的

第十七回 承认无知的教授

谈话。他说:"我可以提个建议吗?"

"约瑟夫,当然可以。"

"为什么我们设计一种这样的度量系统,不能以十进制为基础,而要以十二进制为基础呢?以十为基数,作乘法和除法,不是容易得多吗?!"

度量衡委员会的其他人为此建议深感不安。长时期以来十二是标准数基。埃及人和希腊人都明确地认定其优越性,但是约瑟夫·拉格朗日证明了以十为基数是多么的容易和方便!

"先生们,请注意!以不同的单位写一种数量,只要移动小数点的位置就行了。毕竟我们有十个数字0~9,而且,我们的数有以10为基数的位置值;即个位、十位、百位等等。于是,0.298611米变成了2.98611分米29.8611厘米等等。"

拉格朗日的同事无话可说。和往常一位,他考虑许多困难情况,然后一一想出解决的办法。这些人探求测量长度、重量和体积的统一体系已经有很长时间了。拉格朗日的建议正是他们所盼望的突破。

他们肯定会有事做。法国每个地区都有自己的度量衡系统。走出自己的社区,就不可能进行水果和蔬菜的买卖。如果任何人想在另一地区买东西,就难以弄清楚买多少才够用。

解决问题的第一个步骤是:找一个新的、标准的长度单位。古代人曾用过许多不标准的长度单位,例如,人的臂。显然这对于十八世纪的复杂需要很不适合。由拉格朗日领导的委员会确定自北极到赤道的距离的一千万分之一作为长度单位。他们称之为 ME-

TER（米），来自希腊字 MERON，意指计量。

接着另一个是：测量从北极到赤道的距离。经过仔细地考虑，法国科学院授权作法国敦克尔刻和西班牙巴塞罗那之间的子午线的准确测量。在此基础上，科学家们再用天文学计算确定其更准确的总长度，并进一步求出一个"米"来。

这是法国高等工艺学院上课的第一天。皮尔和米歇尔高高兴兴地交谈着："我们能到这所伟大的学校学习，真是幸运，皮尔，你有什么感受？"米歇尔问。

"对我来说，简直就是一场梦。"皮尔回答道，"我真是不敢相信，我居然能成为伟大的拉格朗日的学生。"

"我也一样。我听说过许多关于拉格朗日的事；我学习过他的著作《分析力学》，但是，这是另一码事。你认为我们能理解他吗？"

"嘘，他来了！很快就会明白的。"

整个教室安静下来了，在学生心目中，拉格朗日是一位数学巨人。当一位矮小而又有些害羞的人走进教室时，学生们有些出乎意料。他的淡蓝色的眼睛看了一遍学生，在开始讲课之前，有点紧张地笑了笑。但是，在拉格朗日开始讲课后，学生们被他对最新的数学知识的清楚、系统的阐述吸引住了，个个精神专注地听着。

在午餐时，皮尔甚至不觉得饿。"你觉得怎么样，米歇尔？你听说过像他这样的人吗？"

"他？难以置信，难以置信。皮尔，我从来没有听说过有谁能对这么困难的问题讲得如此容易理解。我们有些教授为了让学生明白，几乎把他们知道的东西全用上了；可也有个别教授对知识保

第十七回　承认无知的教授

守秘密。"

"但是,你知道拉格朗日教授是怎么做的吗?"米歇尔又说,"就像他钻进了学生的脑子,凭洞察力看出了问题。他准确地看到:问题在哪,如何解决。"

学期在进行,拉格朗日以其清楚而有系统的数学给学生以深刻的印象。他讲课认真,从来不对学生粗暴,无论学生怎样地没有准备,拉格朗日都能设身处地地想。由于他的平易近人,学生们很愿意与他交往。他对于他的成就,持谦虚态度,对于他知道的知识,也从不保守。

学生们和同事们欣赏地重复着他的格言是:"我不知道。"

当然,拉格朗日不用这句话为无知寻求原谅。每当你听到他说这句话,他总是全神贯注地,竭尽全力寻求该问题的解答。他十五岁之前没有认真学习过数学,而十七岁就被任命为意大利皇家炮兵学校的数学教授。他教书、写作,并且因他的思想和发现而获奖。

他的一个发现解决了数学家们五十年没有解决的问题:假定你有一系列不同的几何图形,每一个有同样的周长,哪个图形围出的面积最大?解这类问题的方法是拉格朗日最重要的成就之一。

后来,拉格朗日对地球、太阳、月亮发生了兴趣。天文学家们观察到月亮总是以同一个面朝向地球,但大家都不知道为什么?这导致拉格朗日发现三体之间引力的数学理论。法国科学院为他的理论授予大奖,他当时才二十八岁。

拉格朗日还证明:每一个正素数能表示成四个或少于四个平

方数(能表示成一个正数自乘所得的乘积的数)。例如, $7 = 1 + 1 + 1 + 4, 34 = 9 + 25, 29 = 4 + 9 + 16$。此发现对于数论研究有特别的意义。许多人认为：这是他对数学最重要的贡献。

此后,拉格朗日开始对欧洲整个科学界产生影响。普鲁士的弗雷得里克王国在柏林建立了一所享有声望的数学学院。弗雷得里克国王给拉格朗日送去一封热情洋溢的信,说："欧洲最伟大的国王应该有欧洲最伟大的数学家在他的宫廷中。"

显然,弗雷得里克国王没有拉格朗日谦逊,但是,他是科学家和数学家的热心支持者。拉格朗日到了柏林,在那里从事研究和教学二十年。由于他工作过于辛劳,因而生病。他的医生要求他休息和锻炼,弗雷得里克国王也敦促他过有规律的生活。他开始认识到头脑和身体一样,不能超负荷运转,否则就会病倒。在此之后,他每天早上写下当天计划完成的工作。完成计划后,就停止工作。

1787 年弗雷得里克国王逝世。拉格朗日接受了路易十六的邀请来到巴黎。路易和王后玛莉·昂图安厄特热情地欢迎他,他们给他优厚的年薪,在凯夫勒给他一套舒适的住宅,以及在法国科学院给优秀学生讲课的机会。但是,拉格朗日由于多年来的辛勤工作,已经精疲力竭了。他感到自己再也不能研究数学了。

1789 年法国革命的暴力使他从昏睡中觉醒——奇迹出现了：他对数学的兴趣苏醒了。

拉格朗日的天文学家朋友漂亮的女儿爱上了这位数学家。他原不考虑与她建立进一步的关系——因为他比她差不多要大四十

第十七回　承认无知的教授

岁。但在她的坚持下,他们结婚了。婚姻结果很理想,而且,这位为他献出一切的妻子激发了拉格朗日的重新研究数学的热情。

很快,拉格朗日就对曾鼓励和支持他做数学研究的人表示感激之情,他也及时对年轻的数学家给予鼓励和帮助。

在高等工艺学院教学时,一次,他收到一封给他印象很深的信,署名 MONSIEUR LEBLANC。他记不清哪个学生叫这个名字,经过一番调查后,他发现:这个神秘的学生实际上是个叫索菲·热曼的年轻妇女。因为工艺学院只收男生,所以,她从朋友那里借讲课笔记来学习,并要求他们把她的作业混在他们中间。拉格朗日立即到她的住处,热心地帮助她。最后使她成为了一名真正的数学家。十一岁的奥古斯丁·柯西,也从这位伟大的数学家那里得到了热情的鼓励。当拉格朗日来卢森堡他父亲的办公室办事时,年纪很小的奥古斯丁·柯西向他展示了他的数学作业。一天,在几位重要人物面前,拉格朗日说:"有那么一天,这个小男孩会超过我们所有的人！就我们是数学家而言。"

柯西后来的确成为了大数学家,但是,没有哪位历史学家会说他超过了拉格朗日。事实上,拉格朗日被认为是十八世纪最伟大的数学家之一。

第十八回　午夜数学

热曼(Germain, Sophie)，
1776年生于法国，1831年卒。
数学。

　　索菲仍在黑暗中躺着，她静静听着有什么声音，表明她父母还没睡。大约过了一个小时，她没有听到任何走动声，她小心地爬起来，把盖在身上的毛巾被卷起，穿上拖鞋到壁橱里取出藏在那里的蜡烛。她很内疚：这违背了父母意愿，可又不得不这么做。她不能等到早晨再完成她的计算。

　　十三岁的索菲把蜡烛点燃后放在桌上，蜷缩在毛毯下，拍打着自己的手指，以免在寒冷中冻僵。不久，她就沉浸于学习中了，甚至没有感到寒冷。

这一切都是由阿基米德引起的。如果他的故事不是那样吸引人，也许索菲会爱上诗或音乐。这本书是在她父亲的图书室读到的。每当她想起这最令人着迷的书，索菲总是感到内心受到震撼。阿基米德是一位卓越的人物，数学和科学实际上是从他的工作开始的。但一想到他的死，索菲就打寒颤。

阿基米德帮助叙拉古人保卫自己，反抗罗马人。由马塞路斯率领的敌人，被阿基米德的新奇发明所激怒。他造了弩炮，能把重物发到敌人船上；他设计了活动吊钩，能把船从水中吊起，把它摇碎。他常用大的"火镜"，把巨大的热能聚集于敌人的船上，把它们烧毁。但三年之后，希腊还是被侵略者征服了。

马塞路斯下了严格的命令：不要杀死阿基米德，要捉活的。他很想得到这样一个创造能力很强的俘虏。他的士兵找到阿基米德时，阿基米德正沉浸于几何问题中。

"起来，跟我走。"这个士兵在阿基米德背后喊道。

阿基米德凝神于那个问题，在沙盘上做着。他根本没抬起头来看是谁，只说："挡住我的光线了。"他喃喃而言，"你没看见我在工作吗？"

这个被激怒的士兵事先没有警告就抽出他的剑，穿透了这位老人的胸膛。

索菲想要知道阿基米德当时在做什么，是什么使他那样投入，那样充满激情，以至把生死置之度外。索菲读了这本书后，知道是数学，她就明白了：数和形竟是那样使人着迷。

在索菲小时候，父母就注意培养她的兴趣爱好，允许她到父亲

第十八回 午夜数学

的图书室里看书。可是过了不久,父母就又改变了主意,不让她学得太多太累。他们认为"脑力劳动"有损于身体健康,对于女孩来说尤其危险。他们告诉索菲,不要再学数学了。

索菲不愿放弃数学。她夜复一夜地,在别人睡下之后,从床上爬起来学习。这件事,很快就被父母发现。为了保证女儿的身体健康,他们把蜡烛拿走,待索菲上床后,还要确定她房间里确实没有取暖的东西才放心去睡。然而,索菲在父母没有看见时,便把蜡烛藏进她的房里里,夜里,她裹上毛毯偷偷地借烛光学习。

一天早晨,索菲的父母发现女儿伏在桌子上睡着了。她的石板上全是计算题,墨水瓶也结了冰。

"索菲,索菲,醒醒……"

"唔……唔……妈妈,爸爸。"她揉着眼睛。

"索菲我们对你说了许多遍,为什么你一定要违背我们的意愿?"她的父亲恳切地说。

"噢,爸爸,很抱歉,但是我停不下来。"索菲急得哭了,"这些问题是如此地引人入胜,当我做这些题时,我感到真的充满活力。"

"可是,索菲,"她的母亲柔和地说,"记住,你是个女孩,在你的头脑里填满数字对你不好。"

"妈妈,我答应你:如果我病了或者疲倦了,我就停止。你难道看不见,学习它,是不可能让我得病的。"

于是,她的父母放弃了自己的主张,索菲被允许学习她心爱的学科。幸运的是,她的父亲有一个藏书颇丰的图书室。作为有钱人,这个德国家庭在巴黎和整个法国认识许多受过很好教育的人。

然而,当时,法国政治混乱,旅游和互访受到了限制。法国革命开始于1789年,索菲当时只有十三岁,那时巴黎是一个不安定和危险的城市。街上,常有暴徒打架。索菲的父母保护她,避免打架斗殴伤害到她。她把全部时间用于读书和学习。

一天,她的朋友皮尔跑到门前。

"索菲,你听到好消息了吗?"

"皮尔,你静下来,慢慢地说。"

"真是令人振奋!"皮尔大声说,"一群学者组织了一所新学校,明天就在巴黎开学。校名叫巴黎高等工艺学院。学生们将从法国各地来到这里学习数学和科学。我准备去。"

"这很好。"索菲慢慢地答道。

"你怎么不高兴?你没听见我说什么吗?拉格朗日教授将在那里教书。这可是一生中的好机会啊!"

"对于你也许好。"索菲说,"皮尔,你忘记了我是女孩儿。我十八岁了。你要知道我们柔弱的女性是不能进学校的。"

索菲是对的,巴黎高等工艺学院不收女生。可是,索菲没有轻易放弃这个机会。她求她的朋友们,为她抄下笔记,在家里和他们一起学。她特别喜欢拉格朗日的思想,当老师要学生交作业时,她也做了一份,并且把它混在他们作业当中交上去。当然她知道不会有一个男孩子叫索菲的,故她用一个男人的名字:蒙西厄尔·莱布朗(Monsieur Leblanc)。

拉格朗日批阅了所有学生的作业。蒙西厄尔·莱布朗的作业,给他印象最深。他要求与蒙西厄尔·莱布朗见面,与他单独讨论作业。当这位教授知道这位神秘的学生是谁时,十分震惊,但并没有因此而恼火。他亲自登门拜访,并祝贺她,鼓励她。这是索菲生命中最闪烁光辉的时刻之一。

当时,仍然没有大学接受女生,为她们开设科学和数学课程。索菲继续独自学习。但自会见拉格朗日后,她开始和几位学者和科学家通信。通常她只署一个男人的名字,因为当时有些著名人物拒绝与女人通信。

索菲对数论特别感兴趣,她对卡尔·高斯的著作着了迷。高斯是杰出的德国数学家,写有《算术研究》,有许多数学家学习它,但大多数人无法理解高斯的思想。这种困难正是索菲·热曼最喜爱的挑战。她与高斯的思想和公式角斗,并且发现他没看出的内容。索菲鼓足勇气,给高斯写信,她签的名字是蒙西厄尔·莱布朗。

高斯对于法国数学家有这样闪烁光辉的成果感到惊讶,他希望有机会和这位知心的朋友交换思想。他们通信三年,高斯从未对索菲的隐姓埋名怀疑过。

在法国军队侵略德国时,侵占了汉诺威城,高斯就住在那里。索菲怕高斯的生命受到伤害——也许是想起了阿基米德的命运。她在想:她能为他做些什么呢?

"索菲!"她的母亲喊道。这个下午已是第四次打断索菲的思考。"有几位军官今天晚上来吃晚饭。我希望你和我们一块就席。"

"噢,妈妈,我不想去!"索菲答道,"我不知道说些什么,在那些人中间我会害羞的。"

"没关系！"她母亲说，"你会做得很好的。"

晚饭后，盘子都从桌上撤走时，索菲忽然想起要和军官说的话。军官们已经谈及他们的最新任命，佩纳特将军被派往汉诺威。在过去三年里，高斯给予她很多帮助，现在她有了帮助他的机会。

"您是说要去汉诺威？"她平心静气地问这位军官。

"是的，明天早晨。"军官们全看着她，对于她突然对他们的谈话感兴趣感到甚为惊讶。

"我求您办件事，可以吗？"她继续说。

"当然可以，什么事？"

索菲解释道："我的朋友——卡尔·高斯住在汉诺威。他是一位大数学家，从未介入政治。他对我们没有任何威胁。可是他作为德国人，会有危险的。"索菲竭力把她需要说的话说完。"您能请求佩纳特将军保证高斯的安全吗？"

"热曼女士，当然能。这位将军是您家的老朋友。我确信他会高兴地接受你的请求。"

索菲放心地微笑着说："十分感谢！"

在汉诺威，佩纳特将军的人敲开高斯的门向高斯问好。

"可是，为什么你们来向我问好？"他问。

"是索菲·热曼女士要求我们这样做的。"

高斯不知道对这些士兵说什么好，只是觉得奇怪。他从未听说过叫索菲·热曼的人。在他们又通过了几次信后，才真相大白。高斯对她持和拉格郎日教授一样的开放思想。她在数学上的工作给他印象很深。他像尊重男数学家一样尊重她。虽然他俩从未相见,但高斯还是把她的才能和成就介绍给了他的同事们。

  1816年,全世界的科学家知道了索菲·热曼的名字。这年她以其对振动弹性曲面的研究获法国科学院大奖。这个理论有助于解释和预测沙粒和粉末在被振动的弹性曲面上形成的非同寻常的模型。索菲的公式帮助解决了在建筑声音传播上的实际问题。这些在弹性方面的研究使得埃菲尔铁塔的建造成为可能。

  当然,对妇女学习和研究数学设下的重重障碍,确实对热曼的发展起了阻碍作用。但是,它们没能挡住索菲·热曼女士追求理想的步子。

第十九回　数学王子

高斯（Gauss，Carl Friedrich），1777年4月30日生于德国布伦瑞克，1855年2月23日卒于哥廷根。数学、天文、物理、大地测量。

"汉斯！比特纳先生今天的早饭粥里一定有沙子，你看他那凶神恶煞的样子，小心他找茬。"卡尔警告说。

"这不是什么新鲜事。"他的朋友耸了耸肩。

随即，比特纳先生把书猛地掷在讲桌上，对全班的同学大声喊道：

"你们必须每天挨打才能安静地做功课吗？你们这些孩子真是混账，太没教养了。我从来没教过这样的孩子。但是，我还得教你们。"他继续恶狠狠地说，"注意，今天你们要学习这么一课。"

比特纳先生傲慢地站在全班同学面前,眼睛盯着每个人。全班同学看着他,没有一个人敢低头说话或是微笑,当他们的老师发怒时,全班都心惊胆战。

"仔细听今天的课堂作业,"比特纳先生怒目而视,"你们必须把从1到100的数加在一起,谁做完了谁就把演算板正面朝下放到我的讲桌上,然后回到你的座位上,等其他的同学完成。"

这位厉害的老师给出难题,这不止是第一次了。事实上,他在这方面还真有点儿特殊才能:他既不知道答案,也不知道用于求解的简单公式——但是这样好让孩子们安静一个小时,而给他留出时间。他骄傲地认为自己是伦瑞克最好的老师。不幸的是,他的学生对他并不尊重。

但是这次发生了不寻常的事,比特纳先生没转过身去坐到自己的椅子上去,卡尔从他的座位上走出来,小心地把他的演算板正面朝下放在了这位老师的讲桌上。

"孩子,你拒绝做规定的作业吗?"这位教师责骂道。

"不,先生,"卡尔答道,"我已经完成了作业。"

比特纳先生不相信,但是,他不想立即指出这个学生的愚蠢。为什么不等到其他同学完成了,再让这个十岁的孩子在大庭广众下丢人现眼呢!卡尔回到了自己的椅子上,想的是怎样使用留给自己的时间,过了好一阵子,雅各布写上自己的名字并且把他的演算板放在了卡尔的上面。此时,有的同学还在想怎样才能过了这一关。

最后,比特纳先生给卡尔讲一课的时候到了。卡尔的石板压在了最底下。比特纳先生把最上面的翻过来,并且宣布:"错!"下一块也是错,再下一块,再下一块,也都错了。最后一块石板,那正是用了几秒钟就交上来的。

在比特纳先生慢慢地、不慌不忙地翻卡尔的石板时,全班的同学都紧张地期待着。石板上只有一个数字:5050,这是正确的答案。卡尔是怎么算出来的?这下把老师惊呆了。他的脸变得灰白,说不出话来,只有一句:"下课。"

这天下午,在他回家的路上,卡尔在舅舅弗里得里西的缀锦画商店门前停下来。他不能不告诉他舅舅在学校里发生了什么事。

"太棒了,卡尔,"当他刻画这位丢脸的教师时,弗里得里西不禁大笑,"我真为你骄傲!"

"谢谢你,我希望爸爸也能以我为荣。"

"喂,卡尔,你不要把你爸爸想成那样子,他是个好人,他工作刻苦。他从未受过教育,所以他不知道读书有什么用。也许有那么一天他会理解:不是每一个孩子都想当一名泥水匠或园丁。好在你妈妈和我与他看法不一样。告诉你妈,不要让你多干家务事。"

"舅舅,我想你是对的。"卡尔说道,"明天我再来看你。"

"卡尔,告诉我这道题是怎么算出来的?"

"这非常容易,"卡尔解释道,"看出来了,$1+100=101$,$2+99=101$,$3+98=101$,$\cdots$,一共有 50 对这样的和为 101 的数,所以,以 50×101,这就是答案。你可以自己这样做一遍。"

卡尔的家庭不富裕。比起学校大多数孩子的家庭,他们是彻底的贫穷。但是,鼓励和支持比金钱更珍贵,卡尔的妈妈全心全意地给他支持和鼓励。她乐观好强,虽然她没有受过多少教育,但她很聪明,并且想让她的孩子受到很好的教育。

卡尔对数学有一种偏爱,做算术题从不用别人督促。他还不到三岁时,一次,无意中听到他父亲给工人算报酬。卡尔小声说道:"对不起,爸爸,我想你计算中有错误。"

他父亲再一次细看他的账,果然是自己错了。小卡尔凭心算解决了这个问题。在他成人之后,卡尔·高斯半开玩笑地说:他还不会说话,就会计算——做算术,也许他是对的。

了解卡尔的人都认为:卡尔是个天才。但是,他的父亲从不认可,并且不同意让他上学。幸运的是他母亲和舅舅知道上学很重要。严厉的比特纳先生在帮助高斯学习方面,也起了一定的作用。

在卡尔已经机智取胜后几周,比特纳先生送给卡尔一份礼物——最好的算术课本。并且承认:他再没有什么能教卡尔的了,卡尔必须请一位文化程度高的家庭教师。

那时,年轻的数学家约翰·巴特尔斯来到布伦瑞克工作。虽然他才十九岁,但人们都认为他了不起。卡尔和他一起学习,并彼此交流数学思想。对于卡尔来说,这是最充满活力的时刻。

"卡尔,有个人想见你。"一天,约翰说。

"好的,引我去见他。"卡尔回答说。

"这可不是一般的人,是布鲁斯威克公爵。"

"公爵本人?"卡尔问道,"你一定是嘲弄我。"

"不是开玩笑。昨天晚上,我们一家被邀请参加公爵的聚会。"

第十九回 数学王子

约翰解释道:"我们谈到关于数学、天文学和其他令人振奋的课题。公爵也参与了。他问德国第一流的思想家是谁,他很想知道他。"

"你没有虚构吧。"卡尔怀疑地问道。

"不,卡尔,我说的全是实话,公爵想尽快见到你。"

卡尔只有十四岁,而且有点害羞。见布鲁斯威克公爵威廉·费迪南德是从未有过的事,心里有些害怕,但是这确实是件最幸运的事。年少的卡尔给公爵留下了很深的印象,卡尔很想继续求学可家境困难,公爵特向他提供了上卡洛琳学院的全部学费。这所著名的学院帮助学生们为进入大学做好准备。有了公爵的帮助和母亲的鼓励,卡尔才得以升学。

在学院,卡尔攻读所有的课程,他喜爱文学,并且学习几种语言,他的形象记忆能力肯定是来自于背诵词汇表。但是他从未丢掉对数学的热爱。他知道他要选择一门学科作为他的主攻领域,该选哪一门呢?

感谢布鲁斯威克公爵,卡尔·高斯得以就读于哥廷根大学。在他十九岁生日那一天,他做出了一个重要发现:正十七边形能用圆规和直尺做出。两千多年来,数学家们认为这是不可能的。平时寡言少语的高斯因此发现而自豪。他立即决定:把一生奉献给数学。从那天起,他开始记他秘密的科学日记,他在其中写下疑难问题和解法。

高斯的许多想法在他死后很长时间,一直到他的秘密日记被仔细研究后,才被发现。他总是追求尽善尽美,在一个理论没有写完整和修饰好之前,他拒绝发表。他简直没有时间与人共享他的研究成果。一天下午,高斯的一个朋友来访,他们边喝茶边谈论他们的最新发现。高斯向他的朋友展示了他的秘密笔记本中的公式,令朋友大为惊讶。

"为什么你不把它发表出来,与其他科学家共享呢?你这里有些卓越的见解。"朋友问他。

高斯向他的朋友转动他那敏锐的蓝眼睛,笑了。

"我的朋友,我告诉你,"他说,"一座教堂在最后一根脚手架没有移走之前,还不是一个完工教堂。"

在高斯死后,汉诺威王精心制造了一枚奖章以表彰他的功绩,上面刻着"数学王子"四个大字。今天世界各国的学者都认为:高斯可与阿基米德和牛顿媲美,是三位最伟大的数学家。

第二十回　X 和 Y 引人入胜

玛丽·萨默魏里(Somerville, Mary Fairfax),

1780 年生于苏格兰,1872 年卒。

天文学、数学。

"M-a-g-n-a,C-a-r-t-a,读作玛格纳·卡尔塔,英国大宪章,英王约翰 1215 年被贵族等胁迫而承认的自由特书,是英国宪法的基础。"安妮朗朗有声地背诵着。

"安妮!"玛丽低声地说,"你认为普里姆罗斯女士知道英国大宪章是什么吗?"

"我相信她知道,你为什么这么问?"安妮低声回答,然后她看了一眼玛丽那淘气的样子。

"普里姆罗斯态度固然和蔼,但是,她怎么就没想过,该制订这

第二十回 X和Y引人入胜

么一条法律:禁止强迫十一二岁的女孩逐页地背诵塞缪尔·约翰逊字典!"

"这真令人讨厌。我是多么希望它有点趣味性啊!上周,让我背R开头的一页,整得我几天都晕头转向。"安妮叹息。

"给我们这些负担,根本不符合'自由'的定义。有时,压得我简直喘不过气来。"玛丽明确表示自己的态度。

玛丽·费尔法克斯和她的朋友安妮是普里姆罗斯寄宿女子学校的学生。学校规定,每天早饭前,每个女生在别人的帮助下坐进复杂的钢架,为的是纠正她们的姿势。这机械包括:保持挺胸的支架,把肩胛骨位拉回的金属块和保持下颚抬高的另一块金属。女孩们讨厌这种限制和由此引起的痛苦——即便穿上最漂亮的衣服进入这个"鹰架",也看似笨拙和畸形。

玛丽,在这所寄宿女子学校很不顺心。她在家里总是自由地随心所欲地游逛。但是,她的父亲认为她太"野"了,把她送到这所学校,是为了让她成为"有教养的人"。学校的其他女生告诉她说,这些约束会慢慢习惯的。然而,玛丽认为她不该接受这种"教育"。

"女孩,专心听讲。"普里姆罗斯命令说,"玛丽,安妮,不要再讲话,难道你们想在晚饭前多背两页书吗?"

玛丽叹了口气,继续念:"玛格尼蒂特 Magnetite m-a-g-n-e-t-I-t-e,磁铁矿,为八面和十二面体,有时发现于湖或海的沙中。"她试图继续念下一个条目,可是,她没法让自己专心。她想起了苏格兰伯恩特岛她家附近海滨的美丽的景色。在潮水退下去时,她会花费几个小时扒开沙子寻找海蜇、螃蟹和海胆。在别的女孩玩洋娃娃的时候，她很喜欢到户外去观察。有时她收集各种颜色的石头和矿物。她在想，在家里她的聚宝箱中是否就有 magnetite．

尽管她正坐在书桌边，玛丽几乎能听到妈妈在黄昏呼喊她的声音："玛丽，玛丽·费尔法克斯，你在哪里？天黑了，该回家了！"

"妈！再过几分钟就回来。"

然后，她审视海天相接之处，凝望日落。她喜欢设想：她能看到父亲指挥的军舰在行进。父亲是苏格兰海军中一位将官，他会利用不同的港口……然而，这一切是虚构的。

在家里，在漆黑的夜晚，玛丽喜欢坐在她心爱的顶楼窗前，打开北面的窗户，进入她视野的是奇妙的星空。如果她觉得悲哀和忧郁，只要到这个安静的地方思考一番，一切都会烟消云散。当她感到自己充满活力时，顶楼上的这扇窗户就向她展示出一幅科幻世界。她常常想：海上探险者在大海中航行，他们是否能看到同样的星星？

老师轻轻地拍了下玛丽的肩膀，把她带回到普里姆罗斯的教室。

"magpie，m－a－g－p－i－e，玛格啤，一种长尾的黑白毛相间的鸟，人们称之为'鹊'。它们的巢通常筑在树上。"玛丽好奇地想知道，鸟巢里的蛋，会遇到什么事？她特别喜欢鸟，有时，她在远处观察鸟孵蛋的情况。在家时，她把花园中的一些鸟几乎当做自己的朋友。或许，玛丽在还不会写字时，就能分辨不同的种类的鸟。

玛丽在普里姆罗斯学校读了一年书，父亲答应让她回家。她

第二十回 X 和 Y 引人入胜

长长地出了口气,再不用受讨厌的钢架捆绑了。回到苏格兰海滨又能自由地欣赏大自然的美景。尽管学校给玛丽的"教育"并不成功,但她父母觉得玛丽的阅读和写作都很好,而感到满意。

玛丽已经对学习发生了兴趣,这绝不是来自普里姆罗斯的教学方法。玛丽的母亲已允许她在家中的图书室选书读。她还开始自学拉丁文和希腊文,在她父亲的图书室中有一本书,对她特别有吸引力。那是关于航海的书。从那本书中,玛丽发现,要想真正弄明白从楼顶窗户望到美妙的星空,就必须学更多的数学。

一天,她的朋友朱莉亚问:"玛丽,你读过《妇女日记》(《The Ladies Diary》)吗?"她走到玛丽的旁边,坐在走廊的台阶上。

"我没读过,我能和你一起读吗?"她们如饥似渴地读着这本时装杂志。朱莉亚很快就指出,最新式的衣服和鞋的式样。但是,玛丽最关注的不是这些。

《妇女日记》常穿插着刊登一些谜语和数学游戏,以吸引读者。

"朱莉亚,这是什么?"玛丽指着杂志上的一页问,"它看起来像算术,然而却包含着 x 和 y,你知道它们意指什么?"

"真的? 让我看看。"朱莉亚把杂志取过来,朝向阳光,眯着眼看。"我想起来了,奥吉维女士说过,这是一种称做代数的算术,但是,关于这,她知道得不会更多。"

所有这些 x 和 y 驱动了玛丽的好奇心,她决心弄明白这种代数,可是没有人能解答,她开始想:她的问题也许没有希望得到解答。后来有一天,玛丽在客厅缝衣服时,听了给弟弟讲数学的高先生的课,才有了希望。

由于缝衣服是很安静的活,玛丽被允许停留在客厅里。她漫不经心地听着,继续做手里的活。当亨利吞吞吐吐地回答高先生的问题时,玛丽未经思考,很快就说出了答案。高先生很惊奇。"你是怎么知道的?"他说,"这是很难的概念,没有一个女孩懂得。"

高先生很快就意识到,玛丽比亨利更爱学习。自那以后,他总是花一些时间解答玛丽功课上的问题,并尽可能地加以解释,让她自己算出来。

过了一段时间,玛丽非常想要得到一部欧几里得的《原本》。她听说欧几里得的书是理解数学概念的钥匙。因为许多书店不欢迎女孩,她就恳求高先生为她买一本。除了《原本》,高先生还为渴望学习的她带回了一本代数书,现在她能弄明白那杂志里的 x 和 y 了。

玛丽给自己制订了日程表,很好地利用她的时间。每天早晨,她起得很早,练习弹钢琴,然后,做家务和杂活,有时在花园里绘画。黄昏,她喜欢和朋友一起跳舞和参加音乐会。晚上,当屋子里安静下来时,她钻研数学,并且,尽可能地延长时间。

玛丽的学习计划被破坏,那是在管家抱怨家里蜡烛用得太快的时候。蜡烛神秘地消逝得那么快,蜡烛供应不及了。经过了解,玛丽的父亲就发现了是怎么一回事。

"玛丽,夜间学习时间太长,对身体不好,你知道吗?"父亲说。

"爸爸,我知道,我很抱歉。"她柔和地回答。

"我和你妈对你的健康负有责任。从今天起,到了睡觉的时间,我们要去你房间收回蜡烛,你就马上去睡。"父亲看着她的眼

第二十回　X 和 Y 引人入胜

睛,"你懂我的意思吗?"

"爸爸,我懂。"

玛丽遵守规定,按时上床睡觉,此时她已经几乎完全掌握了欧几里得的许多概念,即使她上了床,闭上眼睛,仍在思考问题。爸爸说要按时上床,可是没说要按时入睡。

1804年,玛丽结婚不久,她的丈夫就去世了。然而她的第二个丈夫——威廉·萨默魏里,英国海军的一位名医,却是一位好伴侣,对她的学习给予支持。他认为,妇女应该受高等教育,并发挥她们的智慧。他乐意帮助玛丽,并为有这样的妻子而自豪。

玛丽·萨默魏里开始其重要研究,这时她已经四十七岁了。英国大臣向她提出这样的建议:拉普拉斯写过一本颇有价值的书,书名是《天体力学》,请玛丽·萨默魏里整理并译成英文,让非专业人员也能理解。

这位大臣说:"萨默魏里夫人,我对你充分信任,请你答应我的请求。"

"如果我答应,你必须给我一个郑重的承诺。"

"好,是什么?"大臣问。

"我的工作必须在完全保密的情况下进行,除了我的丈夫和你,不能让其他人知道我在做这项工作。一旦失败了,手稿必须焚毁。"

开始,玛丽·萨默魏里发现自己难以专心致志地工作。她是一位母亲,要花费很多时间去照顾孩子;她是一位家庭主妇,要干家务活,要接待来访的客人。她说:"男人能以他的工作为理由,去专心做事，但是，女人必须干没完没了的家务。"

她用四年时间完成了《天体力学》的整理和翻译，这是重大的成功。她对拉普拉斯思想的解释，使得这些思想被广泛的读者所接受。这部著作可读性强，实用性广，许多年来作为高等数学和天文学课程的教材。拉普拉斯曾说过，玛丽·萨默魏里是全世界理解他的著作的唯一的一位女人。

研究和写作是玛丽·萨默魏里生命的一部分。她写过一本物理学的书和一本自然地理方面的书。当她近九十岁时，发表了分子(molecular)和精微(microscopic)科学的书。她的每一本著作都加强了她的信念：所有的数学和科学是相互联系的。

玛丽·萨默魏里一生中获得了许多荣誉和奖项。她被邀请去参加几个声望很高的科学协会。许多年来，她受到英国国王给予的支持。后来，为她建立了塑像。整个欧洲的数学家和科学家都受益于她。

玛丽·萨默魏里为妇女提供了更多的工作机会。她认为：女人应该接受与男人同样的教育。她必定是激发约翰·斯图尔特为妇女请求权利的第一人。

第二十一回　现代计算机之父

巴贝奇(Babbage, Charles),
1792年生于英国,1871年卒。
计算机科学、数学。

　　巴贝奇赶紧去工厂——他对他研制的机械的齿轮如何改进有了新想法,他要把它做出来。

　　在巴贝奇绕过一个建筑物的墙角时,有一小群人站在那里,他只好作短暂的停留。一个杂技班在进行街头表演,节目是"猴子追赶黄鼠狼"。当他试图迅速跑过人群时,他几乎被穿着服装的小猴绊倒,小猴为了讨一文钱挡住了他。

　　"走开！别挡我的路。"他对着那猴子喊道。

　　小猴赶紧回到他主人身旁,把注意力转向几个给它花生的小

第二十一回 现代计算机之父

孩。而巴贝奇被激怒了,连去哪里干什么去都忘记了。

"这里庸俗的把戏弄脏了整个城市。"他咕嚷着,"不久,伦敦将成为一个巨大的杂技场,谁也不能作任何认真的思考。"

在巴贝奇到达工厂时,惊讶地发现艾达·洛夫莱斯已经在那里。她是那样地沉浸于研究他的机械设计,尽管它十分难懂。"巴贝奇,我想就这么做吧!"

"嗯!"巴贝奇答道,"你还有怀疑吗?"

"没有,确实没有。"她解释道,"当您第一次向我展示这个设计时,我是多么兴奋,然而我还是怕其中有错。现在已经仔细研究过了,我高兴地向您说,依我看,这个设计是完善的。"

"艾达,这只不过是想像,还够不上科学和技术。为什么上学时用的对数表错误百出?用它计算是注定要失败的。自那以后我就想,如果能用机器计算而不是用手计算,就会得到更准确的结果。我想设计桥的工程师计算其应力如果出错,谁还敢过由他造的桥?!。"

"我懂得!"艾达赞同地说,"用此机械造出准确的航海用表,该多好啊!"她知道在过去五年内,有几次海船失事,就是因计算不准确造成的。航海业对这种表有很强的依赖性。

如果任何人向巴贝奇建议让一个女人来参与他的差分机的设计,他一定会发出蔑视的狂笑。他清楚地理解这项设计十分复杂,对于最聪明的男子也是困难的。艾达和她的母亲已经在一次聚会上被介绍给他。

他扼要地讲述他的工作:"我把最初几项输入机器。这机器记住这些差,并且无限地重复模式。当我装上转轮的曲柄时,这些差自动地相加,就得到表中的下一项。"她听得那么入神。艾达理解得这么快,而且对实际地见到这项计划完成有浓厚的兴趣。不久,她全身心地投入,帮助他实现他的梦。

巴贝奇展开他的绘图和图解,这项工作的每一个细节他都考虑到了。"我几乎忘了。昨天深夜,我有个想法,这套齿轮能如何更换,你是不是也在想这个问题?"然后他深深地沉浸于修改计划的每一个细节中。

几天后,巴贝奇被邀参加为市领导和实业家准备的晚宴。每个人都乐意与巴贝奇开玩笑。

"嗨!巴贝奇,你最近才知道街上有好音乐吧!"他的伙伴们大笑。人们都知道:巴贝奇对街头音乐家很反感,尤其是对手风琴的嚓嚓声。

"其实今天黄昏就是从那里过来的。"巴贝奇笑着说,"然而,当他们看见我向前走时,音乐家们的声调越来越令人讨厌。"巴贝奇忽然变得严肃起来,"我真想到法院告他们,他们对市民的危害竟然完全不理解。"

"危害?"靠近他的人问,"哪种危害?"

"好,"巴贝奇说,"假定我正在考虑一个新的发明,或者设计一个复杂传动装置。当我在街上听到那可怕的、空洞无物的音乐时,我会如此地分散精力,以致失去25%的思想。有一个家伙就在我的窗前弹琴,专心折磨我,这使我大怒。我警告他下次我会叫警察把他抓起来!"巴贝奇用他张开的双手猛击桌子,震得桌上的器皿

第二十一回 现代计算机之父

叮当作响。

最近建成了一条铁路,铁路上的几位官员坐得靠近巴贝奇,机智地试图改变话题。

"巴贝奇先生,你对我们的旅行方式有何考虑?"

"我想要告诫他们让猴子远离铁路。"

参加晚宴的人们开始讨论新的铁路。官员们考虑到碰到动物甚至碰到人的危险,也想到有人会把东西放在铁路上制造恶作剧。巴贝奇听着而没说什么。晚上他在家里提出一种设计。在火车前面装一个叫做"捉牛者"的坚固架子,把任何障碍物推离铁路,甚至动物或人。这样被撞上的人不会有生命危险,也不会因只剩下一条断腿而抱怨。

巴贝奇对火车安全的兴趣,从"捉牛者"的发明扩展到铁路岔道信号系统。他对机械和齿轮的浓厚兴趣帮助他发明了第一个车速计和里程计,用以记录机动车的速度和走过的路程。

巴贝奇总是探寻使管理和业务更为有效的方法。一次他主动去做邮递系统的研究。全伦敦的邮件有的要送往很远,有的送得较近,邮价依路程而定。这样,邮局人员要花费大量的时间,顾客也感到麻烦,既忙又乱。在对一个地区的邮件作了一个时期的分析之后,巴贝奇得出结论:如果对所有的信件索取同样的邮费会更有效更经济。结果给邮递系统带来了彻底变革。

巴贝奇被剑桥大学正式聘为教授。但他并没有在那里教过书,只允许他以这个名义做研究和调查工作。这个名义和他作为发明者的名声,为他与政府官员交往提供了方便。当他建议制造差分机时,英国政府提供资金,并且给他一个工厂。他们知道这样的机器会对社会,尤其是对军事行动做出重大贡献。

然而,这项设计在花费了十一年时间和大量资金(包括他自己的积蓄)之后,巴贝奇仅造出了差分机的一部分。他遇到了严重困难。首先,他必须造出许多这样的部件,和特别的操作工具。第二,他又有了一个造更好的机器的思想,受这种思想的诱发,他要改变计划。这激怒了他的合作者们,使他们很困扰,工厂里的气氛总是紧张的。最后,巴贝奇放弃了他的差分机计划,因为他有了更好的设想。

这个设想形成于他访问法兰西期间,那里织布工 J. M. 雅卡尔德发明了一种新方法——把带孔卡片用于织复杂图案花布的织机上。巴贝奇被这种以带孔卡片控制织机的运动方法所吸引。他想这种方法能否用于他所考虑的新机器上。

巴贝奇着手为他的新梦想绘制蓝图,这是台分析机,它能做加减乘除运算,还能把结果打印出来。信息和指令会通过带孔卡片上的密码传递给机器。机器会从存储体中提取数据。

艾达·洛夫莱斯支持巴贝奇的新计划。当巴贝奇没钱时,她把自己的积蓄送给他。她为这种机器写文章,对这种机械装置的原理阐述得如此清楚,以致被认为是巴贝奇的主要助手和发言人。在阐述带孔卡片时,她是这么说的:"分析机把代数模式织进去,就像雅卡尔德的织机把花和叶织进去一样。"

科学家和数学家们从世界各地来考察巴贝奇的计划。他们大都相信这计划是完善的,但是当他们想到实际制造时,便摇头。他

第二十一回　现代计算机之父

们认为这要花费很多的时间,并且没有能建造这类部件的工匠,还有"谁出这笔钱?"他们怀疑困扰。

巴贝奇要竭力把这台分析机造出来,这花费了他的全部财产和他的后半生时间。他死后,他儿子为了这项计划,又工作了将近三十年,但这个梦想仍未实现。这机器只是由于对这个时代来说太先进了。因为没有足够财力,没有足够的专门技能,并且没有足够时间来建造这样一台大机器。

像许多先行者一样,巴贝奇未能见到他的梦想变为现实。但是他的工作既不是时间的浪费,也不是金钱的浪费。他创建的基本思想却成为了创建当今第一台计算机的基础。后来的计算机设计者,靠的正是他的这项计划。

当巴贝奇还是剑桥大学的学生时,他就和他的两位好朋友允翰·赫会尔和智治·皮科克订了个协议。他们郑重其事地宣称要下决心努力奋斗,让世界更加美好。他们一起建立了解析学会,这对后来英国数学的发展起了积极作用。赫会尔成为杰出的天文学家。皮科克因其在数学方面的工作进入内阁。而巴贝奇呢?当他的兴趣从促进生命安全,漫步到以无线电信号确认灯塔时,他的全身心便投入到了分析机上。因此,他被人们称做"现代计算机之父"。

第二十二回 超前的天才

阿贝尔（Abel, Niels Henrik），

1802年8月5日生于挪威芬多村，1829年4月6日卒于挪威弗鲁兰。

数学。

一阵海风吹来，天气骤然变凉，孩子们正在紧张地踢足球玩儿。"嗨，汉斯，"尼尔斯大喊，"把球踢给佩得。"

小佩得高兴地笑了。为了使劲发力，他把腿弯曲着。然而，球还没传过来，他失去了平衡，跌倒在草地上。

"佩得，好样的。"他哥哥大笑，"下次你肯定会得手。"

就在这时，他父亲迈着大步走过来。父亲阿贝尔是牧师，刚刚走访挪威山村的平民。总是受到居民们的欢迎。他有丰富的政治和文学方面的知识——这使他的谈话有趣而且令人振奋。在工作

之余,他在家里教他的学生,和他们一起玩,他从不厌倦。

"尼尔斯!"他伸出手臂和他打招呼,"我要和你谈谈。"

尼尔斯急忙跑到父亲身边,他们父子俩一起散步。

父亲开始说:"今天下午,我为你作了安排,让你去奥斯陆上学,你觉得怎么样?"

"我……啊……我不知道,爸爸,我还没想过。"

"孩子,教会学校有些好老师。你十二岁了,我认为你需要学习更多的知识。"他停顿了一下,转过脸来,面对尼尔斯,"你愿意去吗?"

"爸爸,我愿去。但是要习惯于新的教师,也许有困难。"他笑了。然后,他考虑到其他方面的变化:"这意味着我要到学校去寄宿,对吗?您确信家里供得起我吗?连同全家人的生活。"

父亲拍了拍尼尔斯的肩膀说:"孩子,不要为这些事操心,所有的事我都考虑过了。如果你愿意,下个月就去。"

尼尔斯喜欢这所学校。他乐意学习拉丁文、历史和几何学,成绩虽不算杰出,但是,所有的课程都通过了。学校里的其他孩子喜欢尼尔斯,常常和他一起玩棋和纸牌。有时,他们一同去戏院看戏。尼尔斯最喜欢在这里度过周末,他爱戏剧中的激情和悲壮。

学校里有一点是尼尔斯不喜欢的,老师们把体罚当作维持教室秩序的唯一方法。在学校聘用了巴德先生之后,学生预料今后会有更多的麻烦。巴德是个而爱发脾气的老师,对不遵守规则和懒惰的学生,处罚更加严厉。如果他提问某个学生,当回答不上来时,他就走下讲台,用棍子打学生。有的学生年龄太小,学不懂某

第二十二回 超前的天才

些功课,巴德也一概不予原谅。如果学生回答问题含糊其辞或给出不正确的答案,他会予以嘲笑,如果学生哭了,他就打得更加厉害。

尼尔斯和他的朋友们常常议论这位老师的所作所为。

"你看到巴德先生用棍子打乔治吗?"卡尔问,"乔治也许要病上几个星期。"

尼尔斯悲痛地摇头,"卡尔,真令人生气,我从他眼中看到了凶恶的目光。他是个喜怒无常的人。我爸爸常说,喜怒无常的人不能当教师。这些天我真怕他失去理智。"

尼尔斯说得对。1818年,巴德对一名学生又打又踢,致使那个学生八天后死去了。

为这件事,开始巴德只受到责骂,当其他学生因害怕而纷纷离校时,学校最后才将他辞退,请来了一位新教师。

新来的教师叫贝尔恩特·霍尔伯,是一位热心的年轻人。他喜欢音乐、文学和数学。他深信,如果一位教师让学生对学习感兴趣,学生就会主动学。有这样的想法,他很快成功地赢得了学生的尊重和赞美。

一天下课后,霍尔伯先生安排与尼尔斯·阿贝尔面谈。他说:"尼尔斯,祝贺你在数学上取得的优秀成绩。"

"老师,谢谢您!"

老师继续说:"我这里有几本书,借给你读,我想你会感兴趣的。读了以后有什么想法,请告诉我。"

当晚,尼尔斯在他的房间里认真地读霍尔伯老师借给他的书:

欧拉写的微积分读本,拉格朗日和拉普拉斯写的数学书。读到很晚,尼尔斯的历史作业还没有做。这几本数学书强有力地迷住了他,激发他在一条全新的路上思考。尼尔斯决定:专心学数学,而不愿再学其他。

尼尔斯十八岁那年,父亲去世了。他家里原来就很穷,现在一家人生活的重担全压在了尼尔斯的身上。他想,将来如果他能从大学毕业,便能得到教师职位,就会有足够的钱维持他母亲和五个弟妹的生活。

当初,奥斯陆大学官方没有肯定是否接收尼尔斯。阿贝尔[①]作为学生,除了数学之外,他入学考试的成绩并不好,然而,因为他的数学分数在所有参加考试的人中是最高的,教授们决定再给他一次机会。

阿贝尔的教授们知道:阿贝尔必须供养他的母亲和弟妹的生活,所以给他提供了奖学金。阿贝尔在第一年,就深深地沉醉于图书馆的数学著作中。

只有十九岁的阿贝尔,这时还是个学生,就解决了三百多年来数学中悬而未解的问题。早先的数学家们发现了解三次和四次方程式的公式,但是没有找到解一般五次方程式的公式。阿贝尔为这个挑战性的问题所困扰。他花费很长时间研究用别的方法去解。一次,他认为他发现了一个公式,但是进一步分析,证明是错的。

阿贝尔并没有因为这次失败而泄气,他从错误中吸取教训,最

---

① 尼尔斯是名,阿贝尔是姓。

第二十二回　超前的天才

后,他证明了:为解决一般五次方程式找出代数公式是不可能的。这是引人注目的发现,它将改变数学思维的基础。

但是,大多数数学家还未听说过阿贝尔的名字。他们不相信,从挪威山村来的人会是天才,会得出引人注目的证明。接踵而来的是没有人发表他的发现,最后他自己花钱印了本小册子。考虑到印刷成本,他不得不把他的推演压缩为六小页。这么一来,论证变得难以让人看明白。当大数学家高斯漫不经心地把他的成果放到一边时,阿贝尔泄气了。

在大学时,阿贝尔完全献身于研究,偶尔也花点时间去戏院或旅行。一个难得的假期,在哥本哈根的一个舞会上,他遇到一位漂亮的年轻妇女。他发现她的头发是红的,脸上没有色斑,十分迷人。他请他的朋友给他们介绍。

"肯普女士!"阿贝尔的朋友说,"我乐意把尼尔斯·阿贝尔介绍给你,他是从奥斯陆来这里访问的。"

"你好!"她说,"我的名字是克里斯汀。"

"你喜欢跳舞吗?"他问。

"谢谢你。"她说着挽起了他的胳膊。

开始,阿尔贝有些踌躇,然后,当她的脚靠过来时,他的臂膀揽住克里斯汀的腰。音乐开始响起来,他们互相看着。几分钟不自然后,他俩发出笑声,谁也不知道是怎么跳的。

克里斯汀是一个聪明、活泼、可爱的女士,她和阿贝尔决定通过书信来增加彼此的了解。

第二年,阿贝尔把家安排在克里斯汀住处的附近。这样,这对年轻人便会有较多时间和机会在一起；克里斯汀又能帮助阿贝尔照顾家务。

最后，他们决定：待阿贝尔有了能维持他俩及母亲和弟妹生活的工资再结婚。不幸的是，这样的工作是不容易找到的。

1825 年，挪威政府向阿贝尔提供资助，让他到法国和德国旅行并研究一年。阿贝尔遇到了奥古斯汀·克雷尔，他是一位数学爱好者，想编一本杂志，好让数学家能把他们的发现和思想发表在上面。阿贝尔的工作给他留下了深刻的印象，他要阿贝尔帮他办杂志。他应允帮助阿贝尔在柏林大学找个职位，或者聘请他为该杂志的编辑，如果他能找到经济支持的话。

柏林大学的职位未能找到。阿贝尔考察旅行一年之后，回到挪威，仍然没有工作。虽然他只能把零碎的钱交给他母亲艰难度日，但还是把注意力放在研究上。他为克雷尔的杂志写了一系列论文。在第一篇中，他扩展了他的用代数公式不可能解任何五次方程的证明。最后，全欧洲的数学家们开始注意阿贝尔，并且认真地考察他的工作。

此时，阿贝尔在挪威只不过谋求到了个给天文系代课的工作。他怀疑和克里斯汀是否有结婚的可能。过了一个月，他病了。开始阿贝尔感到怕冷，不久他变得衰弱，体重减轻，最后一位医生告诉他得了肺炎，必须卧床休息。

克里斯汀一家人为了帮助阿贝尔养好身体，让他和他们住在一起。这样，克里斯汀能细心地照顾他。阿贝尔感到身体状况好转，坐在床上继续写他的论文。

第二十二回　超前的天才

三月的一天，他说："克里斯汀，我想到我们在哥本哈根一起看戏的事，记得吧！那次幕布没有拉开。"

"尼尔斯，我记得。为什么你想到那件事？"她问。

"有时，我们的自学成才也像那样。"他解释说，"我工作很刻苦，我已经向所有正直的人提交了我的学术论文。我曾竭力谋求发表我的数学发现。但是情况不尽如人意，没有人认可它。我像一幕有强烈吸引力的戏剧，但仍在幕布后面。"

克里斯汀微笑着紧握他的手，泪水充满了她的眼眶，这时，她想到他们未能实现的梦。

阿贝尔继续说："我希望我能找到感谢你的良方，为了你对我的爱，我不能要求有比你更好的未婚妻。对不起，我竟然落到如此地步。"

"嘘……尼尔斯，不要说话，现在的任务是卧床好好休息。"

阿贝尔的健康状况没有改善，他的肺炎没有治好。

他秘密地给他的好朋友巴尔塔察·凯浩写了一封信。

"我对你有个特殊的请求，请你为我照顾克里斯汀，你愿意吗？她是一位可爱的护士，她应该得到快乐。我认为，你俩很相配，如果你和她结婚，我会很高兴的。"

1828年4月6日，尼尔斯·阿贝尔逝世，年仅二十六岁。两天后，从柏林来了一封信，奥古斯汀·克雷尔刚好收到的好消息：柏林大学准备聘请他。克雷尔肯定这个职位能解决阿贝尔的经济问题，并且会牢固地建立他在欧洲数学界的影响。

这封信确实带来了好消息，但是太晚了。阿贝尔早先向法国科学院提交的论文,最终被"找到了",并做出评价。这个有权威的科学团体的领导者研究了阿贝尔的论文,确认他的才华和成就,授予他"数学大奖"。

阿贝尔的朋友凯浩,未曾见过克里斯汀,在阿贝尔死后,给她写了一封信,提出向她求婚。他说:"这样会是尊敬我们的亲爱的尼尔斯的最好方式。"克里斯汀答应了,他们结了婚。

法国数学家埃尔米特在得知阿贝尔的死讯后,异常悲痛。他重读了阿贝尔的全部论文后说:"阿贝尔留给数学家的资料,够他们忙五百年。"

第二十三回　思想的火花永存

伽罗瓦（Galois，Evariste）

1811年10月25日生于法国巴黎附近的拉赖因堡，

1832年5月31日卒于巴黎。

数学。

埃瓦里斯特·伽罗瓦深深地吸了口气，公园里紫藤蔓的香味，激发了他回家的步伐。他想一年之计在于春，也许今后的命运会有所改善。如果他在人生的天平上加上点分量，把在监狱里失去的时间夺回来，他必定有能力把握自己的未来。伽罗瓦进入深思，没有注意到他住的楼房的阴影处躲着两个人。他正准备开门，这两人走到了他的面前。

"你是埃瓦里斯特·伽罗瓦吗？"

"是，我就是。你们是什么人？你们要干什么？"

第二十三回　思想的火花永存

"不要和我们玩哑剧,"高个子更加靠近伽罗瓦,使这位年轻的数学家嗅到了他身上的臭味。"你想抢我的埃韦①?"

"没有,"伽罗瓦大声说,"我怎么会想抢什么东西,而且是一钱不值的东西?"

"你做了的事,你要敢于承担。"恶棍咆哮道,"你要保持自己的尊严,只有一个办法,明天早上日出时,我们带上手枪决斗,在鲁埃科的喷泉边见;否则……"

"但是,听着,"伽罗瓦口吃说,"我对这些事不感兴趣,我有许多事要做。我是一位数学家,不是一个卑贱的街头斗殴者。"

"你认为这是下贱的吗?喂!我们当中有人对你的介入,感到讨厌。如果你还关注自己的尊严,如果你还有一点男子汉的气概,你最好在明天早上日出时来一趟。"

伽罗瓦蹒跚地上楼,进入自己的房间。他的心脏跳动得很厉害。他不知道,这个恐怖事件是怎么造成的,种种迹象表明,这不只是为一个女孩子而决斗。这两个恶棍好像有点熟悉。在上周一次政治性集会上,在一群人的旁边,好像见过他们。

这件事是肯定的:他明天早晨必须去决斗,这场挑战是逃不脱的,只有最胆小的人才会拒绝决斗。为这么个没有意义的理由去死,岂不感到羞愧。在战场上,为保卫祖国去死,他会引为自豪;为道德或为他所坚信的原则去死,他会心甘情愿。但是,为一个他几乎不认识,甚至不关注的女孩去死,是……无谓的牺牲,这个词在伽罗瓦的脑海里震荡。他的生命会因此白白浪费。小时候,有无

---

① Eve,读作埃韦,是女人的名字。

穷无尽的热情和能量,已经浪费了许多,难道说,还要一直把它浪费得一干二净。

伽罗瓦坐在他的破椅子上,让那些痛苦的记忆在自己的头脑中回旋。没有一件事能归咎到他的双亲身上。他十二岁前所有的功课都是母亲教的,后来才进了学校。父亲是一位激进的自由主义者,对他思想和性格的形成给予了较深的影响。

年轻的埃瓦里斯特[①]在这之前,就有过困惑。记得十二岁,母亲带他去上学,那所学校给他的印象是阴沉的。灰色的建筑物,窗子上有铁栅栏。不像学校,而更像监狱。其管理模式也一样:教师横行霸道,近乎残酷。他反抗他们的所作所为,甚至拒绝学习和做作业。学校把他降到低年级,认为他是笨蛋。

伽罗瓦喜爱学习,但是对教师让他读的课本不感兴趣。他要读大思想家的原著——不是少儿读物。一次,他得到一本勒让德写的几何学著作,爱不释手,就像其他小孩子读童话故事一样。

他喜欢在脑子里做数学题,为这招来许多麻烦。他的老师当然要看他在纸上的作业,他很快就以一名难教的、好争论的学生而闻名。

伽罗瓦很想上高等工艺学院,这所大学里有几位大学者,他认为:在那里能发展他对数学的爱好。他去考试时有些紧张,实际上考试对他来说并不难,他没有通过入学考试,这使他很失望。即使在这种情况下,阅卷老师也要看他的所有演算步骤——但是,伽罗瓦是在脑子里进行演算的。

---

① 埃瓦里斯特是名,伽罗瓦是姓。

第二十三回　思想的火花永存

　　这样的不公正的考试,浪费了他不少时间。不过,伽罗瓦年纪还小,他还能试图通过其他途径得到高等工艺学院的入学许可。在他十七岁时,里查德教授来到这所学校。里查德教授是一位优秀的教师,立即发现伽罗瓦是个天才,他在给其他学生讲数学时,利用伽罗瓦的作业。他还督促这位年轻的好学生,整理他的发现送到法国科学院,让法国第一流的学者审阅。

　　伽罗瓦按照里查德教授的建议写好一篇关于他的发现的论文,把它送给高等工艺学院的柯西教授。柯西是一位著名的数学家,然而他太粗心,对年轻的伽罗瓦没有足够的关心,竟然根本没看他的论文,而且,把它弄丢了。

　　后来,伽罗瓦决定再参加一次高等工艺学院的入学考试。只有两次机会,他已经使用了一次。这次,阅卷者先入为主地对伽罗瓦持抵触态度。他们听说过:他很聪明,但是,他们认为他一定很卑贱。也许,他们怕有那么一天,他会取代他们。在口试时,他们痛骂他,嘲笑他写的东西,并且,以他的答案为笑柄。伽罗瓦气急了,拿起一块橡皮,打在考官的脸上。于是,他上欧洲最好的学院学数学的希望破灭了。

　　他到了十九岁,还得不到重视,就单独从事研究,写了几篇关于代数的有价值的论文。代数最重要的功能是解方程式。他发现什么样的方程式能得代数解,什么样的不能得。

　　伽罗瓦对这项研究持乐观态度,决定把它提交科学院,参加数学大奖竞赛。秘书们收到伽罗瓦的论文,但是,他们并没审阅它。当办事员们去办公室寻找他的论文时,论文神秘地不见了。没有人知道,他的论文发生了什么事。伽罗瓦的朋友们怀疑有人嫉妒伽罗瓦有深远意义的发现,因此故意让这些论文"消逝"。

伽罗瓦可能曾经失望、颓废,但是,警钟终于敲醒了他的头脑。他满腹痛苦,他开始对所有的教师和传统持不信任态度。他试图自己办学校,但是,没有人来参加。因为他要与不公正作斗争,他卷入了政治。他参加了共和党——这是一个被禁止的激进党。他们为了公正,尤其是为了穷苦人,为了人民的自由而大声疾呼。他们为老百姓争取较好的生活条件,让贫苦人不再挣扎在死亡线上。

1831年的一个夜晚,二百多名共和党人举行聚餐,他们正在高高兴兴地吃饭,几个年轻人站起来举杯,为他们的事业,为对这项事业热心的人们干杯。

伽罗瓦第二个举起杯。

这是对路易斯·菲力普的嘲弄!接着群众喊起来了——他们不爱这个君主。但是,在听众中有几个是国王的侦探,悄悄地窥察,他们想查明这次聚会对国王会造成多大的威胁。当伽罗瓦站起来时,侦探坐下了,他们的眼睛像箭一般,死盯着伽罗瓦的左手。当伽罗瓦用右手举起酒杯时,他的左手握着一把刀。

第二天早晨,伽罗瓦还没有醒,他们就咚咚咚地敲他的门。

"伽罗瓦,你被捕了。"

"被捕?"他反抗地问道,"为什么?"

"你威胁国王的生命,你必须坐牢受审判!和我们一起走。"

最后,伽罗瓦被宣判无罪。他在法庭上解释说,那把刀是用来割肉的。但是,一个月后,他再一次被捕,这次是由于他是危险的

第二十三回 思想的火花永存

激进党——但是这个罪名也难以证实。最后,统治者认为伽罗瓦不再服务于国家保卫局不应该还穿那套制服。为了这,他在监狱中呆了六个月。

监狱的条件太差了。伽罗瓦利用这个时间回忆他心灵中的数学。其他同伴都嘲笑他,只因为他拒绝像他们那样饮酒度日。他想让他的头脑清醒,这样才能思考和写作。最后他被假释出狱,希望开始新的生活。

未来,应该是十分美好的,伽罗瓦想。忽然,他听到塔钟响了,他看看窗外,天还黑,但是,早已过了午夜。

"时间在消逝!"他大声说,"我必须在日出之前做许多事。"

伽罗瓦心神不定地盯着书桌的纸,他把最近写的材料分类放好。然后,他开始给他的朋友奥古斯特·舍瓦利尔写信,说明他的最重要的发现:关于方程式的代数解的失散的手稿。最后,他写道:"我希望有人见到它,用来破译这杂乱的手稿。"他要求舍瓦利尔设法把它交给大数学家雅科比和高斯,评价他的工作。除了时钟的嘀嗒声外,安静得很。最后一夜,他急匆匆地在"奔跑"。他在纸边上写着"有些,要在证明中完成。"或者写着"我没有时间完成它。"伽罗瓦在不得不离开那么多有待他做的工作时,在焦急的受到压抑的情绪中,在书桌上辛勤地劳动了一个整夜。

当天色开始发亮,伽罗瓦写了另外一封信(给所有年轻共和主义者),他解释说:"为了荣誉,需要他去决斗。"他的最后请求是:"请记住我,虽然命运没有给予我足够的生命,让我的国家知道我的名字。"

早晨很快降临,在指定的时间和地点,在日出之前,伽罗瓦已经到场。他和他的敌人取出了手枪,各自向反方向走了25步,转过身来,开了枪。伽罗瓦倒下了,子弹射穿了他的肠子。他无人照顾地躺在街上,直到上午九时,过路的农民抬走了他,送到医院。年轻的弟弟来看他,他对弟弟安慰说:"不要哭,二十岁去死,是需要勇气的。"第二天,他与世长辞。

埃瓦里斯特·伽罗瓦的死,对数学界是很大的损失!如果伽罗瓦知道他的工作对数学是很有意义的贡献,他会更加珍惜它。他的发现被认为是 19 世纪最有创造性的数学成果之一。他的名字很响亮——不是在法国的年轻的激进党中,而是在全世界的数学家当中。

第二十四回　计算机交响曲

艾达·洛夫莱斯（Lovelace，Ada August）

1815年生，1852年卒。

计算机科学、数学。

"噢，女孩们，听！是不是在唱圣歌？"

"埃利诺，太美妙了，我从未听过。真是令人神往。"路易莎满怀热情地谈论道，"看，所有的晚礼服都挺漂亮，你在一座大厅里见过这么多闪耀的珠宝吗？"

埃利诺和路易莎踮起脚，伸长脖子，扫视大厅。她们的朋友艾达，似乎是在想她自己的事。

"有许多英俊的男士，可与之跳舞。"路易莎格格地笑，"艾达，你想和谁跳？"

第二十四回　计算机交响曲

艾达似乎没有听见。

"艾达,艾达,我们跟你说话呢!"

艾达跳起来,好像受了惊。"什么?对不起,我在想别的事。你们说什么?"

"噢,是这么回事。"路易莎嘲弄她,"你已经挑中了一个美男子吗?"

"艾达,他是谁?"埃利诺恳切地问道,"告诉我们你在找谁,也许我们能帮你呢!"

她们没完没了地开玩笑,可艾达没有笑。她试图要从飘动的绸裙和好看的发式看过去,找到她希望在这次聚会中见到的人。

"待会儿再来看你们,好吗?"她说。在她们还没有问她更多的问题或者留住她之前,她进了人群。

当艾达听到在她面前有她妈妈的声音时,她不得不以更快的步子穿过大舞厅。"艾达,我很高兴找到了你,快来,这里有个人,我要你见她。"

艾达跟随她母亲来到一个装饰得很好的耳房。在那里,她们受到了英国女王的接见。在艾达和她母亲屈膝(女人的礼节)并伸出她们的手时,拜伦夫人自豪地把她的女儿艾达介绍给了阿得莱德女王。"陛下,我称她为小狮子,"她笑着说,"她美丽然而脾气不好。"

阿得莱德女王亲热地答道:"你真像你父亲。"她感到惊异,"你是否也继承他对诗的爱好?"

艾达微笑着,依她母亲教给她的礼节屈了下膝,但是,当女王的听众们到来时,她脱身走了。艾达的父亲,拜伦爵士,曾是著名诗人。虽然艾达永记她父亲,但她受益于他的名声。她以自学成才于富有而著名的人物当中感到荣幸,但她更喜爱那些以思考为享受的人们。在她离开女王的耳房时,她对母亲说,她想见玛丽·萨默魏里,这个引见会为她今后的成功铺平道路。

"好,就照你说的办。"她母亲答道,"虽然我不理解在见过女王之后,去见一个七十岁的老年妇女会有如此重要。好!我们就去见她。"她引艾达越过点心桌到房子的一个安静角落。

艾达在与玛丽·萨默魏里握手时,心怦怦直跳。"您好!"她说道,"我想见到您已经有几年了。"萨默魏里夫人笑了,"没那么长时间吧!亲爱的,你年纪还不大呢!"

艾达很快地解释说,她读过萨默魏里夫人的《天体力学》,并自豪地补充道:"我是学数学的。自然,我开始就非常希望您把我当作您的一名学生。"

玛丽·萨默魏里夫人点头认可。此后,艾达在阅读或研究中遇到问题,总是到萨默魏里夫人家中向她请教。她鼓励艾达坚持钻研数学,并且告诉她该读什么书。

一天,艾达问萨默魏里夫人:"您曾经在两个爱好之间作选择吗?"

"艾达,我不明白你指的是什么?"

"噢!我爱数学,并且我相信能学好它。但是,我也爱音乐。我学了几年钢琴和小提琴。我的老师们认为,如果我投身于音乐,我定能成为专业音乐家。我该如何做?"

第二十四回 计算机交响曲

萨默魏里夫人想了一会儿,说:"艾达,这就看你的选择了。也许你的家庭认为音乐是更容易接受的。还有,你的母亲和数学家有一定的联系,她会理解你的数学家之梦。我不能告诉你干什么好,这是困难的。但你必须深入思考,寻求自己的答案。"

艾达微笑说:"我就怕你给我这个没有答案的答案。但是,谢谢您。"然后,在经过一番思考之后,她爽朗地补充道:"也许有一天,我会找到把数学和音乐结合起来的方法。我的这个想法,你认为如何?"

"我们会找到的。"萨默魏里夫人答道,在她眼里闪耀着光芒。

在几个月后的另一次聚会上,萨默魏里夫人把艾达介绍给查尔斯·巴贝奇。萨默魏里夫人向艾达解释说:"他在造一种机器,他称之为差分机。我想你会对它感兴趣,因为你很喜欢摆弄机器。"

过了不久,艾达和她母亲被邀请到巴贝奇的工作间,在那里巴贝奇讲述了他的设计。他正在建造一台机器,它能靠计算数的差来计算表,而那时有的对数表、航海用表和经济用表都是用手算,得花费大量的时间且容易出错。艾达看了这台正在建造的机器,立即认识到它的巨大的潜力。她开始和巴贝奇一起工作,并且给予他大力的支持。

萨默魏里夫人还把艾达介绍给她儿子的大学同学威廉金爵士。萨默魏里夫人认为他和艾达会是很好的一对。在他们彼此相识之后,艾达和这位年轻人谈得很融洽。不久以后,他们结了婚。威廉是洛夫莱斯伯爵的名字,于是艾达成了洛夫莱斯伯爵夫人。

19世纪早期,很少有女人研究数学或科学,所以,艾达·洛夫莱斯有像玛丽·萨默魏里这样的朋友是难得的。由于她的丈夫支持她对科学的探求,她很幸福。后来,洛夫莱斯被接纳入皇家学会,为了艾达研究的需要,他常到学会的图书馆为她摘抄科学书籍和论文。因为女人当时还不允许进入该图书馆。

虽然她有许多其他兴趣,艾达·洛夫莱斯继续帮助巴贝奇。巴贝奇在差分机上工作了许多年之后,他为一个新计划——分析机,抛弃了它。这机器除了能造表外还能做许多事,它会从一系列带孔卡片接受命令。巴贝奇作如此联想:如果带孔卡片能告诉织布机哪根针抬起,它们就能指导机器令哪个齿轮运转。

艾达·洛夫莱斯有通过想象把巴贝奇的联想继续下去的能力。她的建议常常给他以帮助,她还在他资金拮据时,给予经济支持。巴贝奇建造机器的计划引起了全世界的关注(虽然它最终未建成)。

对巴贝奇的机器如何工作,做出第一个公开的解释,是一位意大利数学家于1842年发表的论文。艾达·洛夫莱斯把这篇论文翻译成英文。因为她关于此机器知道得更多,她的翻译包括一些补充注释。在她写作时计划在进展,因而那些注释就越来越扩展。在她完成此译稿时,这篇译文比原来的论文长三倍,并且实用性更强。巴贝奇主张发表它,但是艾达·洛夫莱斯起初拒绝署名。因为在那时社会的女人,不愿意发表论文,特别不愿意发表这样复杂的论文。直到最后,她同意署名,但是只用她的起首字母。所以,这篇论文在公众中达三十年之久而不知道作者是谁。

在这篇重要的论文中,艾达·洛夫莱斯讲述了巴贝奇的机器如

第二十四回 计算机交响曲

何工作,又概述了机器上的作许多数学运算的程序,并且举例地说明她发展的解复杂问题的方法,还说明了机器的主要局限在于它不会思维。

"妈妈,您不舒服吗?"她的女儿柔和地问道。

"我怕。有时我怀疑关于我的命运的迷信说法是否正确。"

在19世纪,一般认为:妇女们作智力上的努力是脆弱的,冒险去研究和深入地思考有损于她们健康。双亲常常不让她们的小女孩受教育、读书,认为这是对她们的爱护。

"安纳贝尔,我真的不相信这一套。"艾达坚定地说,"如果我除了缝衣服、做饭什么事也不干,我会生病的。那么多男人也会生病。想想玛丽·萨默魏里,她七十多岁了,不是还很健康吗?没有谁比她付出的智力更多。"

事实上,艾达·洛夫莱斯从小就多病。她常常患偏头病,而且有时一种神秘的病会令她手足麻痹几个星期。但她从不以病为理由停止学子的努力。反之,她总是以旋风般的活动充实她的生活。

"安纳贝尔,告诉过你我曾多么喜爱跳舞吗?"

"妈妈,再给我说说!"

"我不想夸张,但是大家都说我跳舞是最好的。当我们有聚会时,我是唯一的一个女孩,十一二岁时我就像成年人一样跳舞。别的女孩都嫉妒我。"她停下来,按摩她的太阳穴。"安纳贝尔,你给我拿块冰冷的湿布来好吗?"

安纳贝尔小心地将一块冰冷湿布放在她妈妈的前额上。"您是怎么成为一名跳舞能手的呢?"她问道。希望这样的谈话能减轻母亲疼痛的感觉。

"我认为那是由于我的体育锻炼。"艾达解释道,"绝大多数女孩对体育活动不感兴趣,但是我喜爱它。我每天坚持锻炼。这发展了我的四肢和平衡能力,并且帮助我成为一名骄傲而又舞姿优美的舞蹈者。骑马也是有帮助的,它可以增强节奏感,你是否理解这一点?"

安纳贝尔非常珍惜与她母亲相处的时间。她知道母亲身体状况很差。医生已经诊断为癌症,并且要艾达卧床休息。有时,当头痛消退时,艾达坐在床边,把安纳贝尔叫过来,两人在钢琴上作二重奏——钢琴就摆在她床边。

"安纳贝尔,我曾想……"

"妈妈,想什么?"

"我在想巴贝奇的机器,我想:那些带孔的卡片能被用于写作和演奏音乐。我总想找到一种方法把我对音乐的爱和对数学的爱结合在一起。我相信我能把它演算出来。"她笑着,"难道不是这么回事吗?"

第二十五回　墙纸上的功课

柯瓦列夫斯卡娅（Ковалевская，Софья Васильевна），1850年1月15日生于俄国莫斯科，1891年2月20日卒于瑞典斯德哥尔摩。

数学、文学。

"索尼娅，你在屋里吗？"轻轻的敲门声，随着是低声细语。

"索尼娅，让我进来。是我，阿妞塔，你听见我说话了吗？"

索尼娅从遐想中回到了现实世界。她赶快走到门前，把门打开一条一人宽的缝，仅够她姐姐进来。

"对不起，阿妞塔，刚才我没听见。你来看，我弄明白了这页书该从哪里接上。"

"啊！你又在读墙纸，是吗？我不懂，这些微积分讲义怎么会有如此大的吸引力？为什么你不去找本书读？"

第二十五回　墙纸上的功课

"唉！这不是我的错,是爸爸妈妈在我房间墙上贴上这些东西的,我发现这些墙纸比你的玫瑰花和百合花有趣得多。"她逗姐姐说。其实她知道阿妞塔并不喜欢那些华而不实的花。

"不过,我决不会爱上这些墙纸。"阿妞塔大笑。

在通往大厅的走廊上,响起了熟悉的脚步声,打断了她们的笑声,她们赶忙屏息,直到那位家庭教师过去。教她们英文的女教师严格禁止她们在白天彼此看望,认为这会影响她们的学习。阿妞塔比索尼娅大六岁,是姐妹中成绩最好的,但也要受这些约束。姐妹俩必须偷偷地躲着她们的女教师会面,她们认为这样做值得。

她们的父亲克鲁科夫斯基将军自军中退役后,带全家到靠近立陶宛边界的帕里宾诺庄园定居。这只是他计划中的第一步,他还想逐步扩展到整个旧堡。他为自己选定了塔上的一间房。阿妞塔和妈妈被安排在楼上,她们的小弟弟费迪亚和家庭教师住在耳房里。索尼娅和女教师住在主楼。

这个旧城堡很偏僻,有时晚上能听到可怕的狼嚎声。也许是为了减弱刺耳的叫声,父母亲让管家把各色各样的墙纸贴满所有的房间。但管家算错了,贴到索尼娅房间时墙纸不够了。

克鲁科夫斯基不喜欢宽恕错误,不允许买更多的墙纸。于是,索尼娅房间的墙上便贴满了这些书页。克鲁科夫斯基早年曾心血来潮地订了一大套平版印刷的微积分讲义,想自学这门学科。但是,许多年过去了,这些讲义一直没人动。然而用这些讲义代替墙纸还是很耐用的。

要是在一般女孩房间的墙上贴满这些数学公式,可能会引起她们的不悦。可是,索尼娅很快就对墙上这些奇怪的符号和公式发生了兴趣。她花了很多时间,试图辨认公式,并且还给自己规定任务,把贴在墙上的讲义按次序排列好。

一天,阿妞塔要告诉索尼娅一个好消息。叫她"猜猜看,是什么好消息?"

"什么?"她问道。

"我听见爸爸告诉费迪亚,今晚彼得伯父要来"。阿妞塔回答说。

索尼娅很激动,在所有的亲戚中,彼得伯父是她最喜欢的,伯父对索尼娅有特殊的影响。在她三四岁时,伯父常常把她抛向空中,然后用双手接住,直到她受不了大笑为止。伯父把她放在大腿上,给她讲各种有趣的故事。

现在索尼娅长大了,父母亲还是把她当小孩子看,惟有彼得伯父能认真地听她说话,在她看来,伯父的劝告是完全可以信赖的。

"索尼娅,你的功课怎么样?"伯父在晚饭后问道。

"学得很好,伯父。语言文学学得最好,我的老师相信我将来会成为作家。上周我写了个独幕剧,他认为我很有潜力。"

"我相信有一天你会成为著名人物。"

"但是,我不知道我该做什么。写作,我固然喜欢;可我更喜欢学习数学。而且我越来越倾向于数学。我能连续几个小时全神贯注地解数学题,甚至连吃饭都忘了。"索尼娅停了会儿,然后转动她那褐色的眼珠望着伯父。"你认为我该继续学习写作吗?一个女人能不能学好数学?"

第二十五回 墙纸上的功课

彼得伯父的话,对索尼娅来说,是鼓励也是鞭策。"索尼娅,你必须顺从自己的心意,探求真正引起你兴趣的学科,不要考虑任何障碍或困难。如果你选择了数学,你就该知道那不是件容易的事。"接着,他又补充道:"也许你还需离开祖国到国外去学习,为实现自己的理想而奋斗。"

理想有了,希望有了,索尼娅开始奋斗。她找来物理学和三角学等书,父亲给她买来显微镜,她在自己的房间里学习和研究。那时,她才十四岁。

索尼娅自学数学,进步很快。原来的家庭教师已经满足不了她的要求。十六岁,她开始在另一位家庭教师的辅导下学习微积分。第一天,她很惊讶,这门课的内容竟然如此熟悉,如此清晰,就像遇见了多年不见的好朋友。这使她想起了破旧墙纸上的公式,每一条定理是那样地清楚明白。

不久,索尼娅为上大学做好了一切准备,但是,那时俄罗斯的大学不招收女生。许多青年女性深切感到:到国外去,是她们唯一的选择。可是,当时的社会风气不允许女性单身去国外学习或生活。阿妞塔很愿意帮助索尼娅出国学习。

"索尼娅,还记得我们的朋友玛丽娅吗?我可以照她那样做:找一个男朋友,和他结婚,然后同她一起去国外。"

"你是认真的吗?阿妞塔?"

"为什么不呢?如果我和一个男人结了婚,到国外去;你,我的好妹妹,就能和我们一同去,住在一起。这是个好办法"。

"但是你将和谁结婚呢?你连男朋友都没有,我希望你不要忘记这一点。"索尼娅微笑着说。

"玛丽娅能为我找个男朋友,作为名义上的丈夫。"阿妞塔解释道,"当然我们不用生活在一起。"

索尼娅和阿妞塔继续讨论这个计划,为了达到出国的目的,先找一个阿妞塔能与之结婚的人。经过几个月的查问,她们被介绍给一位叫弗拉基米尔·柯瓦列夫斯基的大学生,他学的是史前人类学。她们向他讲述了俩人的想法,他仔细地考虑了她们的提议,最终答应了。不过,他有一个条件:结婚的对象是索尼娅而不是阿妞塔。这很异乎寻常,因为阿妞塔是姐姐,可是姐妹俩都很想得到一张自由出国的签证。

她们的父亲,那位将军,知道了此事,很不高兴,他不允许索尼娅结婚。索尼娅知道,跟父亲争论是没有指望的;于是,她制订了另一个计划。她收拾了简单的行李,离开家,行前只给父亲留下了一张纸条。"亲爱的爸爸,"在纸条上写着,"我这么做,令您失望,十分抱歉。但我要去国外受教育,而这是我唯一的选择。我准备和弗拉基米尔私奔。"

索尼娅这么做,心里一点把握都没有,没料到竟把事办成了。她父亲怕私奔成为事实,这将有损于整个家庭的声誉。他立即去弗拉基米尔的住处,告诉他同意他们结婚。弗拉基米尔和索尼娅不久就结了婚,并且带上阿妞塔一同去了国外。

最先,他们三人去了维也纳。不过,一是那里生活费用太高,二是那里讲的数学索尼娅感到太初等了。后来他们分道扬镳:阿妞塔生活在法国,成为政治上的活跃人物;弗拉基米尔和索尼娅迁

第二十五回 墙纸上的功课

往英国,他们在那里遇见了 C·达尔文(1809—1882)和 T·赫胥黎(1825—1895)。索尼娅成了女小说家 G·艾略特(1819—1880)的好朋友,后来索尼娅还为她写了传记。

索尼娅数学方面最有意义的工作,是在德国完成的。幸运得很,她得到了海德堡大学的入学许可,让她在那里听数学和物理课。她很想跟大科学家 R·W·本生(1811—1899)学习。本生后来发明了以他的名字命名的煤气灶(这是一种可燃气体燃烧装置),他一生强烈反对高等教育向妇女开门。他发誓永远不让任何一位女子走进他的实验室。

索尼娅·柯瓦列夫斯卡娅个儿不高,身材苗条,看起来比实际年龄小,然而她有决心、有毅力。本生最后妥协了,不再坚持他的誓言,同意柯瓦列夫斯卡娅到他的实验室工作三个学期,条件是她不得把她在实验室做些什么告诉其他妇女。出乎意料,他们合作得很好。

柯瓦列夫斯卡娅在柏林,再一次运用她的说服力。K·魏尔斯特拉斯是当时德国很著名的数学家,她希望拜他为师,因而迁居到那里。魏尔斯特拉斯,同样对教女学生不感兴趣,但是,却答应让柯瓦列夫斯卡娅试试。

"这里有一系列问题,你就从这里开始。"他又说,"我想知道你做这些题有什么困难。"魏尔斯特拉斯经过深思熟虑,向柯瓦列夫斯卡娅提出的都是很难的问题,想让她赶快离开、搬走。

几天后,柯瓦列夫斯卡娅带上解好的题再一次拜访魏尔斯特拉斯。当他看过她的奇妙解法后,他自知低估了她;不久,就接受她为私人学生。魏尔斯特拉斯还给了柯瓦列夫斯卡娅一个数学教师的头衔。虽然她以优异的成绩大学毕业,但是,当时愿意请妇女任教的学校却很少。最后她在瑞典的斯德哥尔摩大学得到了一个职位。柯瓦列夫斯卡娅,作为这个国家唯一的女教授,得到了许多荣誉。成百对夫妇给他们的女孩起名为索尼娅。

1888年,柯瓦列夫斯卡娅见到一则广告:巴黎科学院举办数学评奖。鲍罗丁奖是为数学的创造性工作提供的最高奖。她已经在土星环理论方面工作了一段时间。这次评奖对她完成这项工作是鼓励,也是鞭策。整个夏天,她投身于研究、计算和写作。她把她知道的所有物理和数学知识全部调动起来。最后,柯瓦列夫斯卡娅完成了一篇论文,题目是《刚体围绕定点旋转的问题》。

举办单位要求参赛者在论文的背面写上自己选定的格言,不允许写自己的名字。每个人用另一张纸写上自己的名字插入信封,封上口,并且在信封上写上同一格言。以此保证绝对秘密。让评委们从论文上看不出他们评的论文是谁写的。

圣诞前夕,举办单位宣布了获奖者名单。科学院的官员清了清嗓子,开始说:

"各位女士、先生,我有机会来宣布获奖者名单,深感荣幸,正如大家所知道的:欧洲数学家把获得此项奖当作最高的荣誉。今年,由于获奖者的高质量和重要性,科学院决定发给特等奖,把奖金从3 000法郎提高到5 000法郎。"

观众兴奋地低语,"你猜可能是谁?""这一定很惊人。""我今年来参加这个大会,亲眼看到这个场面,真高兴!"

第二十五回 墙纸上的功课

"正如我说的,"官员继续说,"今年大奖获得者解决了特别重要的问题。我确信你们都迫切地期望从这里获悉谁是获奖者。现在让我们打开信封。"

"在获奖论文的背面,写着下列格言:

说你知道的事,做你该做的事,担任你可担任的角色。

我将打开有相同格言的信封。"

当科学院的发言人去掉密封的火漆,拆开信封时,群众都安静下来了。

当他以明显怀疑的目光注视这个名字时,每个人都期望着。他清了清嗓子,并且大声宣布:"获奖者是索尼娅·柯瓦列夫斯卡娅。"

第二十六回　从指南针引出的问题

爱因斯坦(Einstein, Albert),

1879 年生,1955 年卒。

理论物理学、数学。

"艾伯特,你在玩什么?"雅科布叔叔问。

"爸爸把它给了我,他说这是指南针。"

"指南针,啊?是干什么用的?"

这个五岁的小男孩,似乎对谈话不感兴趣,他全神贯注于研究这个带有玻璃标度盘的圆东西。他滚转它,指南针里的针竟然跟着转,他摆弄得着了迷。

"艾伯特,指南针为旅行者指引方向。"雅科布叔叔说,"你想来一次旅行吗?"

艾伯特继续实验这个令人着迷的、设计精巧的小机械。突然，他向他叔叔爆发出一连串的问题："雅科布叔叔，这根针怎么总知道哪里是北？必定有什么看不见的东西拉着它。有什么东西还在拉着我和你？在空荡荡的空间中，怎么可能存在看不见的东西？"

"艾伯特，说慢点！"他叔叔笑了，"我只不过是个工程师，我没能力答复你所有的问题。但是，我竭力帮助你弄明白它是怎样转动的。"

艾伯特·爱因斯坦[①]很高兴，爸爸曾请雅科布叔叔到他们的小电器商店工作，因为他学过物理和数学。这位喜欢开玩笑的未婚男士和艾伯特一家在一起生活，经常和艾伯特谈话。艾伯特有了问题就问他。

在艾伯特大约十岁时，雅科布叔叔问了他一个严峻的问题：
"艾伯特，你怎么不喜欢上学？"

艾伯特坐立不安，低下了头："好，我想想。"

雅科布知道艾伯特不喜欢学校。有几位教师曾向艾伯特的父母说，艾伯特也许什么也学不会。他们说："让他背书时，他总是心不在焉。其他孩子也瞧不起他，他们嘲弄艾伯特，因为他体育也不行。"

"雅科布叔叔，"艾伯特抬起头来说，"你想过没有？学校多么像军队。我们每天必须遵守制度，在老师进教室时要起立，还得坐整齐。我讨厌这种制度，像把我们铸到一个模子里去。"

"喂！艾伯特，我知道，你对于军队有什么样的看法，我记得你

---

① 艾伯特是名，爱因斯坦是姓。

第二十六回 从指南针引出的问题

怕看阅兵式。当别的孩子扛上棍子,昂首挺胸地齐步走,假装自己是士兵时,你跑开了。但是学校真的就那么糟吗?"

"我看差不多。如果我答复不了问题,就要被责骂,说我不专心听讲。如果我答复了问题,老师又说我没有礼貌。"艾伯特抱怨说,"例如,今天的代数课,我没有听懂,刚想提问时,老师就说:'要安静,注意听讲。'"

雅科布把手放在艾伯特肩上说:"让我告诉你关于代数的知识,它真的很简单。代数就是这样的,我们在捕捉一只动物,还没有捉住它时,暂时称之为 x,并且继续捉它,直到把它装入袋中。"

从那次谈话后,学习代数对于艾伯特来说,成了游戏。每天放学后,他和雅科布叔叔以新的方式"狩猎":用代数解简单的算术题。

艾伯特十三岁时,得到一本欧几里得写的几何书。他读得是那样地投入,很快就掌握了这门学科。他欣赏其清晰的语言和精确的证明。这合乎逻辑的、秩序井然的推理,令他爱不释手,就像他喜欢用小提琴演奏优美的莫扎特奏鸣曲。拉小提琴帮助爱因斯坦松弛,不久,他发现学几何同样令人神往。

关于上学还有另一段故事,在他进入高级中学后不久,爱因斯坦的家迁往意大利,让他留在这原校,继续完成学业。但是没有双亲在身边支持与鼓励,他的学习方式很难得到老师的谅解。最后,学校当局令爱因斯坦终止学业,他不得不去意大利的家中。

没有毕业文凭,爱因斯坦不能上大学。然而瑞士有一个很好的学院,学校接收学生的条件是通过入学考试。爱因斯坦第一次考试没有通过，因为他语文和生物太差。但是由于考官对他数学的优秀演算有深刻的印象，鼓励他再考一次。在瑞士学校里轻松地读了一年之后，爱因斯坦通过了考试，进入苏黎世的高等工艺学院。

他决定以教物理课来维持生活，但是找一个教师职位很难，因为他既是德国人又是犹太人而受到歧视。对他进行面试的考官，认为他并不真喜爱教学，他的第一爱好是研究。有人认为爱因斯坦是不修边幅的怪人，他不知道怎么样赚钱，也不会修饰自己的外表，不会梳理自己的头发，像他这样诚实而又不善辞令的人，是很难找到教学职位的。

最后，爱因斯坦在瑞士伯尔尼的专利局找到了一份工作。他的任务是审查新的发明，并评估其价值：对有价值的授予专利。这项工作不很困难，只是烦琐。然而，这使爱因斯坦有时间思考，并做自己的研究。他在专利局工作时，开始考虑彻底改变人们对于宇宙的认识。

爱因斯坦与其他科学家的关系不密切，也没有研究最新的文献，但是，他阅读了关于光速的试验报告。他深信光速是不变的，而时间和空间则是相对的，不是绝对的。在他的相对论中，爱因斯坦证明：时间是依运动或速度而变的。他于1905年，就这个课题及有关课题发表了一系列论文。

爱因斯坦在尔后的十年中，进一步加深他对于光和时间的理解，并拓宽其应用。他的著名方程式 $E = mc^2$，使他的能量与物质有怎么样密切关系的理论清晰化。在此方程中，E 表示任何物质

第二十六回 从指南针引出的问题

粒子的能量，m 表示该粒子的质量，而 c 则代表光速。结果证明：物质可以被变成能量，导致原子能的发展，最终导致原子弹的产生。

爱因斯坦不仅成为名人，而且成为引起争论的人物。他的新思想是以另外的方式看宇宙。但是，爱因斯坦不因公众的意见而困扰，而是更加致力于发现科学真理。在以简单的数学公式描述自然界的复杂过程的挑战中，他的头脑一直是清醒的。他深信：科学如果要进步，人们必须乐于提问，勇于提问。当来访者问他，相对论是如何形成的时，他回答说："我向公理挑战！向现代流行的知识提出质问，而且永远不应该气馁。"

1921，爱因斯坦以他早期在光电效应方面的伟大成就获得诺贝尔奖。此定律说明，怎么和为什么在光落到特殊金属的表面时，它们会放射电子。

爱因斯坦钟爱为科学本身而探求真理；但是，他不久就认识到，他的工作的实际应用是不容忽视的。他童年时，就不喜欢军队，成年后未改初衷，他总是热心于帮助人们找到和平解决争端的方法。当德国成为侵略者，并且试图控制整个欧洲时，他非常颓丧。为了表明他的思想，他放弃德国国籍，而成为瑞士公民。

爱因斯坦访问美国，是在希特勒掌握权力的时候。当他看到希特勒实行其罪恶的种族政策和政治政策时，他更为愤慨。他深信：希特勒要利用一些人为他做事而达到其罪恶目的。当时德国有少数科学家为希特勒做事。当爱因斯坦拒绝参与时，希特勒宣称：谁杀了爱因斯坦，可得到高额奖赏。

爱因斯坦任教于柏林大学。当他认识到他的瑞士国籍不能保护他免遭杀害时,他辞职迁往美国。他说:"我定居于这样一个国家,只因为这里的人民政治自由,信仰自由,在法律面前平等。"他受聘于普林斯顿高级研究所,1934年成为美国公民。

不久,德国科学家们加紧研制发展威力巨大的原子弹,爱因斯坦为此深感不安,一个国家把这样强大的武器掌握了,而错误地使用它,那就糟了!1939年,他写信给罗斯福总统,说明原子弹怎么制造,并且建议美国用它来维护世界和平。他希望美国将它掷于无居民区来证明原子弹的威力,当其敌国看到其威力时,就会不得不同意商订和平协议。

六年后,美国在广岛扔下第一颗原子弹,他深感内疚。对于此炸弹造成的大量破坏和死亡,他感到自己负有责任。他永远不愿将原子弹用于杀伤人类。他后悔不该给罗斯福写那封信。爱因斯坦在其余年,通过各种组织为世界和平而工作。

爱因斯坦晚年,许多人来见他,谋求了解他,关爱他。他向客人讲他作为一位普林斯顿的科学家心不在焉的故事,甚至带有传奇色彩。他经常忘记自己住在哪里,不得不停下问对校园熟悉的人该怎么走。有时他找到了那条街,但弄不清自己在哪幢房子住。为了防止这些经常出现的困窘,他把自己房子的前门漆成亮红色。

爱因斯坦特别喜欢孩子,有时他帮助邻居的小孩学算术。小孩们喜欢他,不是因为他是大数学家,大科学家,而是因为他能让耳朵自己摆动。

普林斯顿有个小女孩总为她的家庭算术作业而苦恼,可是,过

第二十六回　从指南针引出的问题

了不久,她的算术有很大进步,老师很奇怪地问她:"怎么会有这么大的进步?"女孩说:"是梅勤斯街的一位和蔼可亲的老先生帮助了我。"这位教师把这件事告诉了女孩的母亲。这位妇女深感不安,去拜访老先生,并且问道;"爱因斯坦教授,您为什么花费您的宝贵时间来帮助我的小女孩? 您从这得到了什么?"爱因斯坦说:"我确实有所得,每次我教完她,她给我一个棒棒糖。"

无论老少,都从爱因斯坦的伟大公式中得到了好处;但是,对于青年,他留下了另一个公式:

"x 代表辛勤地工作,y 代表玩,而 z 代表知道什么时候该听,$x + y + z =$ 成功。"

第二十七回　为数学奋斗一生

诺特（Noether，Emmy），
1882年3月23日生于德国，1935年4月14日卒于美国的布林马尔。
数学。

"埃米，我把鸡蛋搅进牛奶里。你倒的时候要十分细心，否则烤箱上的饼会堆成一块。"

"妈妈，我懂了。"埃米心不在焉地回答。

"你真的要注意。"

"妈妈，我会尽力干好的。"

"我对你就是这点要求。"她母亲叹了口气。"现在去把餐厅打扫干净，你爸爸的几位同事来吃晚饭。你去干活，不要打搅你爸爸。"

诺特夫人专心烘烤,她的儿女顺从地拿了块抹布,去擦餐厅的桌子。

汤和新鲜烤面包的香味,与烤饼的甜香混杂在一起。诺特夫人匆忙地跑来跑去,为客人的到来做最后准备。她走进餐厅,发现桌子还是那么脏,心想:女儿可能又去做数学题了。

"埃米!"她母亲气哭了,大声地喊。迅速穿过走廊,为的是弄明白女儿在干什么。

"我知道在这里能找到你。"她生气地说,"我跟你说过多少次了,不要到你爸房间,专门干你的家务活。"

埃米羞惭地站在那里,干净的抹布还在她手上。"对不起,妈妈,爸爸要我给他一支削好的铅笔,当我把铅笔送进来时,我想用几分钟时间看爸爸写什么,然后,爸爸开始向我解释,然后……"

"不要对我说什么对不起,我听过许多遍了。现在赶快把餐厅收拾干净。"

埃米的父亲和善、安静,知道对女儿的过失自己负有责任。他笑着对妻子说:"伊达,埃米有些特殊的才能,我们对她不够了解,她理解得那么快,而听我课的大学生都没有她这样敏锐。现在,不要告诉任何人。我要让一个十四岁的女孩和他们比一比,真的。"

"也许是真的,但是这改变不了现实。"妻子答道,"在数学上没有女孩儿的位置。她必须学会搞家务,并且,以此为乐。她应该想想,下个月的舞会,穿什么衣服。对于一个女孩来说,这是最实际的。现在她想的太异乎寻常,社会不会接受她。"

埃米的父亲摇摇头,"我知道你说的有道理,但是,有些事不能

第二十七回 为数学奋斗一生

停止。我认为：截断埃米的路是可鄙的浪费。她做数学比操持家务要强得多。"

伊达·诺特淡然一笑："这肯定是对的，但是没有人帮助我。我必须停止谈话，去为我们的客人做准备。"

埃米是一个好女孩儿，她的父母都引以为自豪。她在女子学校学得很好，并且，她的钢琴弹得很好。她学会了如何管理家务和跳舞时的礼节。她十八岁时，法语和英语都说得很流利，并且，通过了资格考试，被允许在中学校教这两门语言课。

但是，她的心思不在这里，她最喜欢的还是数学。也许这是受她父亲的影响。她父亲在埃尔兰根大学教数学，回到了家，还常常谈论他班上的好学生。在家里他喜欢把埃米和她的三个弟弟聚集到一起，用小孩能懂的语言，向他们解释复杂的数学题。埃米和她弟弟弗里兹对于他父亲讲代数特别感兴趣，简直着了迷。

诺特夫人说得对：德国没有为想学数学的年轻妇女提供条件。在埃尔兰根大学，妇女不受欢迎。妇女间或被允许听课，但不能注册入学。埃米很幸运，父母支持她的理想，为她请了一位教数学的家庭教师。她积极、肯学、有教养。

1902年，当大学决定接收女生时，她已经做好了准备。埃米是数学系唯一的一位女生。她专心地做数学，很快就显示出其卓越的才能，成为有创造力的学者。为数学方法奠基的大量概念，她都弄得很明白；她的同学和老师对此大为惊讶。1907年，埃米以优秀成绩通过数学博士学位的最后考试。

受教育，诚然必须奋斗！然而摆在埃米面前仍有许多困难，在大学开始允许妇女入学时,世俗还不认为妇女能当教授。埃米·诺特如何顶着风浪上呢?幸运的是,她的家庭给予她最大的支持,她在家里吃和住,无偿地到大学工作,有八年之久。她的父亲在小时候就得了小儿麻痹症,现在更难行走了。她常常到父亲的班上代他讲课。

在父亲退休和母亲病逝后,埃米·诺特迁居哥廷根。在哥廷根大学里,希尔伯特和克莱因在研究爱因斯坦的相对论。此理论描述能量、质量和光速之间的关系。他们曾邀请埃米·诺特参加他们的研究小组,并且,热情地期望她能作出贡献。他们为了让这所大学聘请她,做出了艰苦的努力。希尔伯特甚至对大学评议会恳求。当他们拒绝他的请求时,他发怒地责骂他的同事们,不该以她的性别作为不聘请她的理由。他嘲骂道:"这是大学,不是澡堂。"

逐渐地,这所大学对诺特[①]这位女数学家的尊重有所增长。在几年后,她被给予优厚的报酬;但是,她为哥廷根赢得的荣誉,远比她得到的报酬高。她在几个国家发表论文,并且被邀请去作报告。整个欧洲,数学家们感谢这位妇女改变了他们理解代数的方式。她在抽象概念上做工作,具有独一无二的能力。她能洞察复杂的联系,还能帮助别人看透它们。

在哥廷根,诺特过着平静的生活。她没有结婚,她最初和最后的爱全是数学。但是许多人喜欢她。她和蔼可亲,平易近人;她的朋友们知道她是信得过的,知道她总是以诚待人。学生们乐意围绕在她的周围。埃米·诺特的课,从来不会令人厌烦;她喜欢在教

---

① 即埃米·诺特,埃米是名,诺特是姓。

室里给学生作非正式的讲话。虽然她的课常能给人以激发,但是,不容易理解。她期望她的学生们努力学习,把他们的能量注入思维。她教他们寻找问题的基础结构,这正是解题的钥匙。

1933年,诺特达到了她人生的目标,她被聘为教授。她得到与欧洲许多学者交流学术思想的特权;并且,她有了探求数学思想深邃内容的自由。但是,当希特勒和国社党掌权时,一切都变了。1933年,他们决定保持绝对的控制,甚至包括思想——他们令诺特和她的许多同事"靠边站"。

诺特保持平静和信心,她的朋友们惊异:她很少考虑自己;她认为世界和平比什么都重要。形势对她不利,就由于她是聪明的女人,她是犹太人,她是政治上的自由主义者,她不得不离开这个国家。

靠近费城的布林马尔大学给诺特一个"访问教授"的职位。虽然她离开了自己的德国,但是她在布林马尔的日子,过得很快活。在她教学生涯中,她第一次获得尚佳的报酬。对于她来说,更重要的是她与学生们的关系。她喜欢步行,常在星期六下午,与学生们一起去远足。她深深地沉浸于关于数学的谈话中,甚至忘了所有往来的人。

诺特在布林马尔时,还在普林斯顿高级研究所工作,爱因斯坦和韦尔那时也在那里,三个人都受到普遍的尊重。她在抽象环和理想论方面的研究,对现代代数的发展很重要。她向数学家们证明:如何建立能应用于许多问题的一般理论。

爱因斯坦在《纽约时报》上写道:"要判断在当代数学家中谁是

最能干的,诺特小姐是自妇女受高等教育以来,最杰出的最有创造能力的天才。"

法国著名的数学家热昂·丢东纳说:"诺特是所有时代最优秀的女数学家——20世纪最伟大的数学家之一。"

诚然,诺特对数学的贡献别人是难以抗衡的。而且,对人类历史还做出了另一个贡献,她证明:为达到理想而奋斗,能导致巨大的成功和满足。她闯出自己的路。我们每个男人或女人,更应该有勇气,开辟自己的江山。

第二十八回　数是他最大的财富

拉马努金(Ramanujan, Srinivasa),
1887年12月12日生于印度马德拉斯省坦焦尔地区贡伯戈讷姆附近的埃罗得,
1920年4月26日卒于印度马德拉斯附近的切特普特。
数学。

小鸡们扑打着它们的翅膀咯咯地叫,在躲这个赤脚的小孩。他快步跑向尘土飞扬的街道,几乎弄翻了一位老农扛在肩上的一大篮茶叶。最后,他绕着街边跑进了家。

"妈妈,出人意料!"他气喘吁吁地说。

"慢点,孩子,说清楚。"

"妈妈,真是出人意料。"

"什么?孩子。"她问。

"我再一次得了数学竞赛奖!我的答案是对的!您真的认为

第二十八回 数是他最大的财富

我适合搞数学？您认为有朝一日我会成为著名人物吗？妈,您也这样想吗？"

拉马努金的母亲对他微笑着,并拍拍他的肩说:"是的,我确信你很棒。但是,我不能说你是否会成为著名人物,也许在这个世界上有比成为著名人物更重要的事。"

拉马努金低头喃喃地说:"也许。"忘记了向他妈妈炫耀得的奖。奖品是一本渥兹华斯的诗集,诗都很好,但是对这个年轻的小男孩来说,数里面比字里面有更多的美和意义。

在他放学后开始干零活时,他的母亲为她的家庭和临近的中学生准备晚餐。他们的房子很小,只有一间,做饭也在这里,所以,属于个人的空间小得可怜。尽管如此,拉马努金总要找个地方做他的数学。她的母亲每当想到他对数学的热情时,便低声轻笑。

拉马努金的家里很穷,但是他们有很多理由感到幸运。他的母亲说自己和她的丈夫曾经多么希望有个儿子。他们生怕会没有儿子。最后,她的父亲到纳马吉里子神圣地去祈祷得个外孙,他的母亲确信女神答应了这个祈祷,有时,她觉得:天使们仍然关照着这个特殊的小孩,甚至在他的耳边低声细语。否则,他怎么会知道那么多关于数的事？

拉马努金是一个好学生,他尊敬老师,学习每门功课都很努力。但是他害羞,对于他来说,说话是件难事。当他想说话时,语句往往在嘴边纠缠不清,所以,他常常保持沉默。

他发现只有一门功课容易学,那就是数学。甚至在儿童时期他就乐意向他的同学们背诵公式。他的老师和校长很快就认识到他在数学上有非凡的天才。七岁时他就在昆巴科南高级学校得了奖学金。这份奖学金向他家里保证：尽管他们家里穷，但他会得到很好的教育。

在那时的南印度，人们想要自学，很难找到适用的书。当拉马努金十二岁的时候，一位高班生手里的一本书吸引了他。

"对不起，请……"拉马努金有点口吃，"您手里的那本书能让我看一会儿吗？"

"你指的哪本书？"那个学生问。

"那本《平面三角学》。"拉马努金期待着。

"这本书对你这样的小孩太难了。"这个学生不耐烦地回答道，"连我都弄不清它说的什么。"

拉马努金看来很生气，这让那个高班生也感到自己言语重了。"那好，如果这书对你有用你就拿去看，过一个星期还给我。正如我所说的，这对我无关紧要。"

拉马努金遇到这么个机会，很高兴，他小心翼翼地把这本书插在外衣的口袋里，跑回家。只用了几天他就读完了，并且掌握了那些高班生们十分头疼的全部东西。这本书和从图书馆借到的另一本书，是他在印度见到的仅有的学习数学的贵重资料。

拉马努金在昆巴科南的国立大学很早就显示出其在数学上的杰出才能。一天，他看着他的老师滑动两块可移动的黑板。这个题解完需要十到十一步，一块黑板不够写。拉马努金有点不耐烦了。最后他举了手，他要求演示一下另一种解法。他的答案完全正确，只要四步，而且让全班同学很容易理解。这就是拉马努金的

第二十八回 数是他最大的财富

模式:他有把复杂问题简单化的独一无二的方法。

然而,有一个问题,拉马努金解决不了。他学历史、英语和生理学,总是学不进去。事实上,他原本应该认真地专注地学习那些课,但他总是学数学。最后,由于他其他的课程没学好,失去了奖学金,而且不得不离开了这所大学。这样的事发生了两次,拉马努金放弃了上大学的想法,转而独立地学习和研究数学。对数学,他是多么热爱啊!

二十二岁时,他与斯里马蒂·贾纳吉结婚。拉马琴得勒·拉奥是个有钱人,拉马努金的数学发现给他留下了深刻的印象,有一段时间对这对年轻夫妇给予支持。他乐意给数学家提供帮助,好让他们专心致志于数学。但是拉马努金对于没有真的为之工作而接受其钱财,感到受之有愧。拉马努金为了维持全家的生活,找到一份秘书的工作。

拉马努金在马得拉斯港信托投资公司工作了一整天之后,还要赶回家做数学题。有时,他从办公室带回碎纸片用于计算,由于纸很贵,他通常在石板上算。当一个问题激发起他的热情时,他做得很快,用粉笔计算,然后用肘擦,再次写满黑板。通常,他只记下结果——这使得后来的科学家很难跟上他的思维过程。

在家里,拉马努金喜欢躺在帆布床上工作。在酷热的夏天,他喜欢在走廊里工作。他的妻子和他的母亲,要为他准备好吃的,而且常常要送到他的身边。有时,他工作到早晨六点,强迫自己睡上两个小时,然后再起床去工作。

幸运得很,他的老板对他很同情并给予他鼓励和支持。他们认识到他的才能,还建议他给英国的数学家写信,讲述自己的工作。拉马努金把这事拖延下来了。要是没人知道他在做什么,情况会是怎么样?对自己的工作加以说明,有意义吗?最后,拉马努金同意试一试。他给两位著名的数学家写了信,信中附上几页纸,写的是方程式和简短的解释。他们对他的工作未加评论。但是拉马努金没有就此罢休。他把另外一捆做的数学题,加上一封信寄给了剑桥大学的哈代。哈代差一点就把这些手写的演算纸扔进纸篓,但他被一个方程式吸引住了。这是一道题的非典型解,这是异乎寻常的、伟大的数学家的工作。哈代立即回信给拉马努金,向他提供来三一学院学习的全部奖学金。

  决定去英国对拉马努金来说是件很困难的事。他没有出外旅行过,并且,他怕他的英语不行,适应不了。还有,饮食也是个问题,他是个严格的素食者。他能得到保持身体健康所必须的水果和蔬菜吗?但是,旅行的最大障碍还是宗教。在印度,人们被分成几个等级,每一个都有自己的准则。拉马努金和他的家属于婆罗门阶级。他们笃信印度教。对于婆罗门人来说,跨海旅行就违反了这个阶级的准则。谁要是漂洋过海,就不允许参加婆罗门人的婚礼和葬礼。

  拉马努金的母亲很顽固。她拿定主意不让她的儿子去英国。印度的马得拉斯大学已经向他提供奖学金,她认为他没有理由离开印度。时间日益逼近———一个早晨,一件不寻常的事情发生了。

  "拉马努金,来这里!"母亲在床上喊他。

  天色还早,拉马努金准备开始工作。但是他对母亲很孝顺,而

第二十八回 数是他最大的财富

且她的声音带着紧迫感。

"妈妈,什么事?是不是不舒服?是不是病了?"拉马努金在床前弯下了腰。

"不,我很好。我刚才做了个奇怪的梦。你必须听我的话,照我说的去办。我梦见一个大厅,天花板很高,装饰有壁画,你在那里,有许多人——都是欧洲人。纳马吉里女神直看着我,劝我不要阻碍你的出路。"她停了停,用手指他。"你应该自由地向你的目标前进。"

拉马努金看着母亲目瞪口呆。"也许你不太舒服,妈妈,这只不过是一场梦,是吗?"

他明知故问。如果女神对母亲说了话,就只有一件事要做了。不久,他整理行装去了英国。

他在离印赴英之前,先把母亲和妻子送到附近的城市,他不想让他们看见他最后的准备。

在英国,许多事不一样,拉马努金不想让自己的那种形象呈现在他们面前。他剪发,去掉头巾,换上帽子,又买来了西装,穿上短袜和皮鞋。

乘船去英国很困难。他惴惴不安。但是,当他到达英国时,哈代和三一学院的其他人的欢迎使他有温馨的感觉。他的数学天才是毋庸置疑的,英国的数学家敬佩他的数学成就,拉马努金与他们合作得很好。哈代成为他在英国的好朋友和同事。他们俩合作写了许多论文,并且,发表在欧洲的杂志上。

哈代感到和拉马努金一起工作是一种特殊的享受,但是,他始终不明白拉马努金是怎么做数学的。这个印度人没有受过正规训练,看来他凭的是洞察力和直觉,他的数学记号和符号是独到的。其他数学家对它们意指什么一点概念都没有。哈代的任务是:帮助他学会方程式和证明的标准形式。

拉马努金和哈代的最重要的思想之一,被称做:分块。他们要做的事是:找出一个整数能被表示成其他整数的和,有多少种方式。例如,4可被表示成 $1+3, 1+1+2, 1+1+1+1, 2+2$,或4本身,总共五种方式。但是,当数增大时,这个问题变得很复杂。例如,数200,可以用近四兆种方式分块。但是,在哈代的帮助下,这个印度天才找到一个做它的公式。

拉马努金,在他做出重大发现时,很少庆祝——他没有时间干这类事,他认为这是轻浮的人才干的事。但是,他和哈代,谁也没有认识到:他的发现的意义是何等的重大。例如,他的方块公式对于物理学家研究超弦,极其重要(现代物理学家深信:宇宙中的微粒子是由超弦组成的;而超弦是那样的小,以至人们难以想像它们)。拉马努金的其他工作,有许多直到计算机发展起来,才受到众人的欣赏。他对于某些他毫无所知的数学问题,设计出了他的解法。

拉马努金最有影响的成就之一是:发现简单而又准确的逼近 π 值的方法(π 是圆周长与直径的比)。若干世纪以来,数学家们试图算出其值。阿基米德在大约公元250年,牛顿在十七世纪,都对此问题做出了很大的贡献。但是,要是没有拉马努金的公式,高速电子计算机也不能计算 π 的值准确到小数点后数百万位。

第二十八回　数是他最大的财富

虽然,生活于英国对拉马努金的智力有所激发,但是,调整自己使之适应这里的环境很困难,英国的文化与印度的生活很不融洽。他把年轻的妻子留在印度,所以他不得不小心地照顾自己。肉食就是最大的问题,没有一个饭店有他喜爱的素食,所以,他吃的食物要从印度运来。自己做饭并不难,但是,拉马努金常常深深地沉浸于他的工作,甚至忘记了吃饭的事。他睡眠也不规律,有时,他连续工作三十多个小时,使自己疲惫不堪。

这些有损健康的习惯,加上英国的潮湿和寒冷,终于使他病倒了。在到达英国大约三年之后,拉马努金得了个奇怪的病。有些医生认为他得了肺结核,有的则认为他患的是维他命严重缺乏症。

但是,没有一个人知道该怎么治他的病。他到几个医院去寻求治疗,都没有效果。最后,在英国六年后,他回到印度。他希望回到家乡,会有人能治他的病,使他恢复健康。

回到家里,拉马努金感觉病情渐好。他告诉妻子,说要带上她去英国——也许他就不会得病了。虽然他没有恢复健康,但他不久就重新焕发了他的数学激情:他全力整理自己的学术思想;写好了,就放在他床下的皮箱里。

但是拉马努金的健康没有改进,他的身体日益衰弱,在他回到印度一年后去世,时年三十二岁。尽管他的生命很短,但他得到了全世界范围内的荣誉。1918年他被选为伦敦皇家学会会员和三一学院的荣誉学者。他是得到此项荣誉的第一个印度人。哈代和剑桥认识他的人在听到他的死讯后都深感悲痛。哈代常讲一个关于拉马努金的故事,说的是:一次,拉马努金病得很厉害,哈代到医院去探望他。他见到拉马努金安静地躺着,不知该说些什么。他局促地开始他们的谈话:"啊,我是坐车来的。"哈代有点口吃,"出租车号码是 1729。"

拉马努金对朋友笑了笑。他的眼睛在闪光。

"出租车的号码是 1729,"哈代重复着,"这是个无趣味的数,难道你不这样认为吗?"

拉马努金在床上支撑着,大声说:"不,哈代,绝不是。事实上,1729 是一个很有趣的数。它是能以两种不同方式表示成两个立方之和的最小的数。"

哈代目瞪口呆。拉马努金这自学成材者竟然对数有如此神奇的能力。谁也说不清这是怎么回事。似乎数(包括 1729 这个数)是拉马努金的好朋友。他记得它们的特徵,就像我们记得朋友的生日和他喜爱的颜色一样。他以尊敬的心情对待它们,它们是他最大的财富。

第二十九回　问题求解的引路人

波利亚,G.(Polya,George),

1887年12月13日生于匈牙利布达佩斯;

1985年8月7日卒于美国加利福尼亚州帕洛阿尔托(Palo Alto)。

数学、数学教育与数学方法论。

这场足球比赛只剩最后几秒钟了。"乔治,往这里踢!"

"拉斯洛,"乔治喊,"小心你后边,射门!"

当他的弟弟把球射进门时,乔治高兴地跳起来,裁判员吹响了最后的哨声,乔治第一个跑到弟弟身边,用双手把拉斯洛举在空中,接着他把他扛在肩上,得胜的队员向他俩簇拥过来。

"拉斯洛,你踢得好,打破了平局,为我们队争了光!"队友尤利乌斯跑到乔治身边,想帮助他减轻负荷。但是,乔治肩上扛着拉斯洛,手舞足蹈地跑开了,不费劲地绕场一周。

第二十九回 问题求解的引路人

尤利乌斯和其他队员评论说:"拉斯洛一定会成为一名优秀的足球运动员,他个子高,也很壮实。看乔治扛着他弟弟那个轻松劲,显出乔治的体质更壮。"

"是的,"另一名队员说,"有人说乔治每天把房间里的家具重摆一次,而且是一只手,目的是为了换个式样。"

乔治·波利亚[①] 身体强壮,喜欢踢足球和摔跤。他的强壮表现在许多方面,或许说主要表现在他能够执著地、坚决地解他所面对的任何问题。

落在波利亚身上的担子是很重的。他十岁那年,父亲去世了,从此他失去了亲爱的父亲的保护。他和弟弟经常争论和打架,他母亲总是偏向他弟弟拉斯洛。乔治天生就调皮,有时离家出走,以示反抗。通常他会走一段长路,去考察他故乡布达佩斯的街道。

在中学,乔治过得很艰苦。他对死记硬背不感兴趣,不过,他却喜欢花时间背诵诗句和动词变化。

乔治的舅舅阿尔明对他说:"乔治,你为什么不参加国家数学竞赛?我认为你能取得好成绩,也许你还能得到大学的奖学金呢!"

"我知道,你向我说这些都是为我好。阿尔明舅舅,但是,我真的不适合搞数学。我想我该学习语言文学或者像我父亲那样学法律。"

"噢,这些学科都很好。"阿尔明舅舅赞同地说,"但是,乔治,你喜欢解题,我想,你会爱上数学的。"

---

① 乔治是名,波利亚是姓。

也许是为了满足他舅舅的愿望,波利亚报名参加了埃特沃斯数学竞赛,这项竞赛是以匈牙利杰出的物理学家 L.埃特沃斯命名的,这项竞赛的开展使匈牙利产生了一批世界第一流的数学家。

这次竞赛,波利亚不但没有获胜,甚至连试卷都没有交。波利亚对自己在数学上能否有光明前景感到怀疑,因而到布达佩斯大学学法律去了。

拉斯洛对此表示同情,"这点我能理解,那么你打算怎么办?"

"我已经想好了,我的生物学教授是个有趣的老师,我打算试试学习这门学科。"

波利亚把他的主攻学科改为生物学。没过多长时间,他又厌烦了,再一次转到语言文学上。这使他找到了一门能学好的学科。他完成了学习计划,获得了给低年级学生讲拉丁文和匈牙利文的资格。

但是,波利亚仍然不满足于他所学的课程,不过这次他不是放弃学习,而是同时学一些哲学课程。他发现自己对哲学概念产生了兴趣。他的教授注意到他的逻辑思维能力,因而建议波利亚在此基础上,学一些物理和数学课程。

决定波利亚专业的是利波特·费耶尔教的数学课。这位教师不像他曾遇到过的其他教师,他有着令人着迷的个性,还很幽默,教导学生也很认真。黄昏时,他常把学生们聚集在咖啡馆,师生们在一块谈天说地,有说有笑。

"我终于明白,我该学数学。"一天,波利亚对拉斯洛说,"我学物理不够好,学哲学又太钻,数学正处于两者中间,它该是我的落

第二十九回 问题求解的引路人

脚处。"他还常说，在决定一个人是否喜欢某门学科时，教师起重要作用。他又说："最有趣的学科若由一个糟糕的老师讲授，它也会变成令人厌烦的。"

当波利亚理解到数学是多么有趣时，他就满怀热情投身于它的学习。1912年，他获得了布达佩斯大学数学博士学位。

上大学后，波利亚在维也纳学了一年。为了支付上大学的花费，他还给一个贵族小孩——格雷戈尔担任家庭教师，每周给他讲两次课，帮助他理解数学。

"我很生气，"波利亚在咖啡馆向一个朋友诉说，"不知道什么原因，教格雷戈尔他没什么进步。无论我怎么努力，他总是不明白：'解题，要做什么？'"

波利亚动脑筋寻找一种方法帮助格雷戈尔，他试用新的方式向格雷戈尔解释几何问题。他竭力反思：自己解题时，是怎样利用模式的，又是怎样把题和主要概念相联系的。最后，他对解题的方法作了简单的概述。对于波利亚来说，这是振奋人心的发现，自那以后，他对问题求解的兴趣终生不衰。

他开始讲述如何解题，不只是为了格雷戈尔，也是为了所有像格雷戈尔一样的学生。波利亚的大多数老师强调记忆，认为：某些程序应该应用于特殊种类的问题；如果不能记住所用的程序，失败是必然的。波利亚则认为：这不是最好的方法。

不久以后，波利亚完成了他的正规教育。1914年秋，他接受了德国数学家A胡尔维茨的邀请，去苏黎世的瑞士联邦工学院任教，从此开始了他的教学生涯。

离美丽的树林不远,他找到了一个花费不多却令人喜欢的公寓。于是,他定居于此,这完全适合喜欢步行的波利亚。在这里,他能在联邦工学院刻苦地工作;然后,在树林里作长时间的步行来放松。他有时也与住在这座公寓的年长绅士们玩多米诺牌。这里的老人因此都喜欢和波利亚交往。

以往波利亚敲门时,韦伯先生总是大声地说:"请进来。"这天,波利亚敲门,前来开门的却是一位少女,波利亚感到很惊奇,少女则满脸通红。

"乔治,"韦伯先生说,"她是我女儿什泰拉。"这两个年轻人有点害羞地笑了,并且握了手。"什泰拉,这就是我说过的那位有才华的年轻数学家。"

波利亚和什泰拉在韦伯先生的住处见了几次面后,便常一起去树林里散步。1918年,他们结婚了,共同度过了六十个春秋。什泰拉很聪明,是一位通情达理的主妇,她也是一位业余摄影师。当其他数学家来拜访时,什泰拉总忘不了拿起照相机,给他们留影。多少年来,波利亚喜欢向来访者和朋友们展示他们汇集的照片。

在波利亚结婚之后,一天他在通过树林的一条小道上散步。这是个美丽的早晨,阳光透过树枝的空隙洒下来,他走在用砖铺的路上,有时用手杖敲打着路面。当他走到长得较高的灌木丛时,突然,波利亚撞见一对青年男女正在拥抱,彼此都很窘。

"我是在捕捉早晨的光辉。"波利亚有些抱歉地解释道。忽然他认出那位男士正是他的学生,便说:"我不认识你。"

年轻男士很快恢复了镇静,并向他的未婚妻介绍说:"波利亚

第二十九回 问题求解的引路人

博士是我们联邦工学院的教授。"

在更多含混其词的抱歉话之后,彼此有礼貌地说了声再见。波利亚继续向前走,那对年轻人则向另一方向走去。这位教授是那样的仁慈和友好,而那一对年轻人则需要僻静的地方。

波利亚在弯弯曲曲的小路上,弓着腰走了二十分钟后,这对年轻的恋人,又一次来到了他的面前。

这对青年会误认为他是侦察他们的吗?

波利亚把帽子斜了斜,微笑着继续向前走。

这对情人满脸通红地看了他一眼。

虽然他们选择了新路线,改变了方向,但是,这个早晨他们在树林里共相遇了五次。

后来,波利亚把这个故事讲给什泰拉听。

"你认为我的年轻的学生和他的未婚妻会怎么看我?"他问什泰拉。

"噢,亲爱的,用不着为此烦恼,他们也许正深陷爱河中,没注意到你和其他任何人。"

"那倒是真的。记得吗?我们彼此刚相识的时候,我们就喜欢消逝在这些小路上。"他摸着什泰拉的手笑了,"我永远不会蓄意侦察一对相爱的人。通过树林的路网络十分复杂而且伸展得很远。我不明白:为什么我会碰见他们那么多次。"

波利亚继续思考这件偶然的事:偶然地遇见这对情人的可能性究竟有多大?这段经历引导波利亚去研究他后来称做"随机行走"的问题。他假设:一个现代的城市是由完善的方块组合而成的，一半街道东西方向，另一半南北方向，给定街道的任何一个交叉处为起点，并向四个方向的任何一个方向移动，如果在每一交叉点上，所选择的方向都是随机的，那么回到起点的概率是多少？

波利亚是个慈祥可爱的人，他竭力不冒犯任何人。二次世界大战前的政治紧张状况，令他伤心。有些人仅因为他们的种族背景而受到侮辱，他深感悲伤。

波利亚决定迁往美国，他被邀请到斯坦福大学教书。他和什泰拉都爱他们的新学校，很快就和其他教授，他们的家人，以及许多学生成了好朋友。

波利亚最著名的著作是《怎样解题》（1954年以英文出版），这本书对问题求解[①]作了实际引导，并被译成15种文字，而且销售量超过了百万册。

波利亚在许多数学领域继续进行创造性研究。他在欧洲以及后来在斯坦福大学出版了几部专著和发表了许多论文。他在问题求解方面深刻的洞察力使他享有盛名。他说："解题要注意具体例子，还要用模式核实。如果一个问题太难，就要先想一个比较容易的题，然后考察如何解这个问题。"他反复强调解题方法比答案重要得多。波利亚把自己的经验传授给学生们——要先作个猜想，然后再检验它。他常常提醒我们："最好用五种不同的方法解一道题，然后去解五个不同的题。"

[①] 在G.波利亚的《怎样解题》发表50余年后的今天，问题求解（Problem Solving）已成为一门独立学科，应用面广，十分普及：工程师、科学家、推销员和商店经理从这门学科的学习中得到了好处。

波利亚发现许多学生不知道如何去解题,于是他提出自己的设想。他告诉斯坦福大学的同事:"我有一个想法,我要向诸位展示,如何帮助学生解题。我要唤醒学生的激情,并且让学生十分满意。"

大多数教授到了他这个年龄,都退休了,G.波利亚却仍在实现自己的新计划,要帮助教师教好数学,而且很有成效。成千上万的人,利用暑假来到这位大师身边学习。他们发现波利亚不仅是一位大数学家,还是一位能够与之谈心的朋友。他复制了数学发现的激发过程,尤其受到人们的赞扬。

当波利亚站在讲台上引导学生,一步一步地得到令人惊讶的简单的解时,他内心无比喜悦。

编辑手记

作为一个成立刚刚两年多时间的"迷你型"数学工作室,一时还没有自己的 Logo. 但我们可以借用一家拥有 200 多年历史的出版商——英国的 T & F(Taylor & Francis)的 Logo 诠释我们的出版理念——"点燃火炬,照耀人群(The Lamp of Learning)."

有人说这是一个没有英雄,不屑崇拜,缺失榜样的平民化时代,但人类所固有的英雄情结,在青少年时期依然会强烈地表现出来。用社会学家郑也夫的话说:"我们的血管里流着英雄祖先的血液。进化的历程是漫长的。没有几万年是看不到血质的改变的,但是环境变了。我们仍然渴望做个英雄,至少是拥戴和跟随英雄。(郑也夫,著.抵抗通吃.山东人民出版社,2007,P325)靠力量去征服世界的一介武夫式的英雄世界没落了,但取而代之的是靠智慧造福人类的科学天才的诞生。能够在闪耀着人类智者的璀璨星空中摘取几颗供人们仰望,是我们当代出版人的光荣与梦想,这就是我们的出版动机。

在本书即将付印之际,时值盛夏,冰城一片翠绿。数学工作室从无到有,从零起步,恰似季节的变换,从肃杀的严冬迈入火红的七月,其中的变化:书后 $\sum$ 的上标号也由 0 变到了 19。由此使人想起日本作家村上春树在《舞舞舞吧》中的一个片断:

"只要有音乐就继续跳舞。……不能想为什么跳舞,不要去追究它的意义。世上本来就没有意义这东西,想着这问题,你的脚便停下来了。一旦停下来……你所联系的将会消失,永远消失。这么一来,你就……渐渐被这边的世界所吞没。因此不能停止跳舞。不管你觉得如何荒谬无聊,也不能介意,好好踏着舞步跳下去吧。然后僵硬了的东西会逐渐松开来，应该还会有挽救的余地，能用的都用上，竭尽所能，不必害怕。"

　　传说中的青鸟因无脚而无法停歇，只能高飞是无奈；童话中的红舞鞋欲罢而不能是因为被施以魔法。数学工作室长久专注于数学图书的出版是源于热爱引发的激情。海德格尔在讲授亚里士多德的哲学时，只用三句话就打发了亚里士多德"这个人"的一生："他出生，思考，然后死去。"我们也希望将来会有人用同样的语句评价数学工作室："它成立，出版，然后辉煌。"
　　一个人或组织的成就，说到底，无非是因为他或他们具有某种特殊的能力，能致力于一般的人或组织往往忽视或不能坚持下去的事情；而这种特殊的能力，又与他或他们能否专注于某种特殊的经验或特殊的观念所具有的"诱惑"有关。
　　世界著名的当代大数学家樊畿教授有一句名言，稍微修改，就可以作为我们数学工作室的座右铭：**只要醒着（Every Waking Moment），你就必须思考数学**。我们改为：**Every Waking Moment，你就必须出书**。
　　不仅如此，我们还有信心会生存得很好。因为我们发现现代人的生存离不开两样东西，一个是食品，物质食粮，另一个是书籍，精神食粮。据专家考证，1914年在美国上市的100家企业中，至今依然存活的只有两家：一家是从事食品行业，另一家就是从事出版业。
　　本书由美国的两本畅销书合译而成，译者是我国资深数学家欧阳绛先生，欧阳老师早年以首译数学史名著伊夫斯教授的《数学史概论》而为广大数学爱好者所知晓，近年来，又笔耕不辍。欧阳老师文理兼备，译笔锦绣，恰当描述，力有不逮。偶见刘勰在《文心雕龙》中有：

　　"傍及万品，动植皆文：龙凤以藻绘呈瑞，虎豹以炳蔚凝姿；云霞雕色，有逾画工之妙；草木贲华，无待锦匠之奇。夫岂外饰，盖自然耳。至于林籁结响，调如竽瑟；泉石激韵，和若球锽；故形立则章成矣，声发则文生矣。夫以无识之物，郁然有彩，有心之器，其无文欤？"

　　虽是对古时极品文章之评价，但移为今用，也觉贴切，因为能将一般人视为畏途的数学描绘得如此生动有趣，将一般大众心中不食人间烟火的数学大师的成长历程讲述得如此引人入胜，实在难得，有些溢美之辞当不为过。特别是欧阳老先生以如此高龄仍然热心于数学文化的普及更是难能可贵。

爱尔兰剧作家萧伯纳(George Bernard Shaw,1856—1950)曾于1925年获诺贝尔文学奖,其喜剧作品《卖花女》因被好莱坞改编为《窈窕淑女》而家喻户晓。他曾用一句格言为教师这个职业挖了坟墓,他说:"有能力的人做实事,没能力的人当老师。"大学出版社内似乎也有一种"共识":有能力的编辑出专著,没能力的编辑出科普。我们和欧阳老师一起对上述评价进行了颠覆,因为这一直就是我们的梦想与追求。著有《莎剧人物》和《英语戏剧概观》的英国作家、评论家威廉·哈兹利特(William Hazlitt,1778—1830)曾说过:"生活就是拼命做自己做不到的事,梦想成为自己做不成的人。"我们深信!

虽然希望读者能关注数学工作室的产品,并给予支持,但我们的工作室本身会遵循一位西方政治家的名言:与其夸耀自己,不如显得神秘。

刘培杰
2007.7.5

刘培杰数学工作室
已出版(即将出版)图书目录——初等数学

书　　名	出版时间	定　价	编号
新编中学数学解题方法全书(高中版)上卷(第2版)	2018—08	58.00	951
新编中学数学解题方法全书(高中版)中卷(第2版)	2018—08	68.00	952
新编中学数学解题方法全书(高中版)下卷(一)(第2版)	2018—08	58.00	953
新编中学数学解题方法全书(高中版)下卷(二)(第2版)	2018—08	58.00	954
新编中学数学解题方法全书(高中版)下卷(三)(第2版)	2018—08	68.00	955
新编中学数学解题方法全书(初中版)上卷	2008—01	28.00	29
新编中学数学解题方法全书(初中版)中卷	2010—07	38.00	75
新编中学数学解题方法全书(高考复习卷)	2010—01	48.00	67
新编中学数学解题方法全书(高考真题卷)	2010—01	38.00	62
新编中学数学解题方法全书(高考精华卷)	2011—03	68.00	118
新编平面解析几何解题方法全书(专题讲座卷)	2010—01	18.00	61
新编中学数学解题方法全书(自主招生卷)	2013—08	88.00	261
数学奥林匹克与数学文化(第一辑)	2006—05	48.00	4
数学奥林匹克与数学文化(第二辑)(竞赛卷)	2008—01	48.00	19
数学奥林匹克与数学文化(第二辑)(文化卷)	2008—07	58.00	36′
数学奥林匹克与数学文化(第三辑)(竞赛卷)	2010—01	48.00	59
数学奥林匹克与数学文化(第四辑)(竞赛卷)	2011—08	58.00	87
数学奥林匹克与数学文化(第五辑)	2015—06	98.00	370
世界著名平面几何经典著作钩沉——几何作图专题卷(共3卷)	2022—01	198.00	1460
世界著名平面几何经典著作钩沉(民国平面几何老课本)	2011—03	38.00	113
世界著名平面几何经典著作钩沉(建国初期平面三角老课本)	2015—08	38.00	507
世界著名解析几何经典著作钩沉——平面解析几何卷	2014—01	38.00	264
世界著名数论经典著作钩沉(算术卷)	2012—01	28.00	125
世界著名数学经典著作钩沉——立体几何卷	2011—02	28.00	88
世界著名三角学经典著作钩沉(平面三角卷Ⅰ)	2010—06	28.00	69
世界著名三角学经典著作钩沉(平面三角卷Ⅱ)	2011—01	38.00	78
世界著名初等数论经典著作钩沉(理论和实用算术卷)	2011—07	38.00	126
发展你的空间想象力(第3版)	2021—01	98.00	1464
空间想象力进阶	2019—05	68.00	1062
走向国际数学奥林匹克的平面几何试题诠释.第1卷	2019—07	88.00	1043
走向国际数学奥林匹克的平面几何试题诠释.第2卷	2019—09	78.00	1044
走向国际数学奥林匹克的平面几何试题诠释.第3卷	2019—03	78.00	1045
走向国际数学奥林匹克的平面几何试题诠释.第4卷	2019—09	98.00	1046
平面几何证明方法全书	2007—08	35.00	1
平面几何证明方法全书习题解答(第2版)	2006—12	18.00	10
平面几何天天练上卷·基础篇(直线型)	2013—01	58.00	208
平面几何天天练中卷·基础篇(涉及圆)	2013—01	28.00	234
平面几何天天练下卷·提高篇	2013—01	58.00	237
平面几何专题研究	2013—07	98.00	258
平面几何解题之道.第1卷	2022—05	38.00	1494
几何学习题集	2020—10	48.00	1217
通过解题学习代数几何	2021—04	88.00	1301

刘培杰数学工作室
已出版(即将出版)图书目录——初等数学

书　　名	出版时间	定　价	编号
最新世界各国数学奥林匹克中的平面几何试题	2007—09	38.00	14
数学竞赛平面几何典型题及新颖解	2010—07	48.00	74
初等数学复习及研究(平面几何)	2008—09	68.00	38
初等数学复习及研究(立体几何)	2010—06	38.00	71
初等数学复习及研究(平面几何)习题解答	2009—01	58.00	42
几何学教程(平面几何卷)	2011—03	68.00	90
几何学教程(立体几何卷)	2011—07	68.00	130
几何变换与几何证题	2010—06	88.00	70
计算方法与几何证题	2011—06	28.00	129
立体几何技巧与方法	2014—04	88.00	293
几何瑰宝——平面几何500名题暨1500条定理(上、下)	2021—07	168.00	1358
三角形的解法与应用	2012—07	18.00	183
近代的三角形几何学	2012—07	48.00	184
一般折线几何学	2015—08	48.00	503
三角形的五心	2009—06	28.00	51
三角形的六心及其应用	2015—10	68.00	542
三角形趣谈	2012—08	28.00	212
解三角形	2014—01	28.00	265
探秘三角形:一次数学旅行	2021—10	68.00	1387
三角学专门教程	2014—09	28.00	387
图天下几何新题试卷.初中(第2版)	2017—11	58.00	855
圆锥曲线习题集(上册)	2013—06	68.00	255
圆锥曲线习题集(中册)	2015—01	78.00	434
圆锥曲线习题集(下册·第1卷)	2016—10	78.00	683
圆锥曲线习题集(下册·第2卷)	2018—01	98.00	853
圆锥曲线习题集(下册·第3卷)	2019—10	128.00	1113
圆锥曲线的思想方法	2021—08	48.00	1379
圆锥曲线的八个主要问题	2021—10	48.00	1415
论九点圆	2015—05	88.00	645
近代欧氏几何学	2012—03	48.00	162
罗巴切夫斯基几何学及几何基础概要	2012—07	28.00	188
罗巴切夫斯基几何学初步	2015—06	28.00	474
用三角、解析几何、复数、向量计算解数学竞赛几何题	2015—03	48.00	455
用解析法研究圆锥曲线的几何理论	2022—05	48.00	1495
美国中学几何教程	2015—04	88.00	458
三线坐标与三角形特征点	2015—04	98.00	460
坐标几何学基础.第1卷,笛卡儿坐标	2021—08	48.00	1398
坐标几何学基础.第2卷,三线坐标	2021—09	28.00	1399
平面解析几何方法与研究(第1卷)	2015—05	18.00	471
平面解析几何方法与研究(第2卷)	2015—06	18.00	472
平面解析几何方法与研究(第3卷)	2015—07	18.00	473
解析几何研究	2015—01	38.00	425
解析几何学教程.上	2016—01	38.00	574
解析几何学教程.下	2016—01	38.00	575
几何学基础	2016—01	58.00	581
初等几何研究	2015—02	58.00	444
十九和二十世纪欧氏几何学中的片段	2017—01	58.00	696
平面几何中考.高考.奥数一本通	2017—07	28.00	820
几何学简史	2017—08	28.00	833
四面体	2018—01	48.00	880
平面几何证明方法思路	2018—12	68.00	913

— 2 —

刘培杰数学工作室
已出版(即将出版)图书目录——初等数学

书　　名	出版时间	定　价	编号
平面几何图形特性新析.上篇	2019—01	68.00	911
平面几何图形特性新析.下篇	2018—06	88.00	912
平面几何范例多解探究.上篇	2018—04	48.00	910
平面几何范例多解探究.下篇	2018—12	68.00	914
从分析解题过程学解题:竞赛中的几何问题研究	2018—07	68.00	946
从分析解题过程学解题:竞赛中的向量几何与不等式研究(全2册)	2019—06	138.00	1090
从分析解题过程学解题:竞赛中的不等式问题	2021—01	48.00	1249
二维、三维欧氏几何的对偶原理	2018—12	38.00	990
星形大观及闭折线论	2019—03	68.00	1020
立体几何的问题和方法	2019—11	58.00	1127
三角代换论	2021—05	58.00	1313
俄罗斯平面几何问题集	2009—08	88.00	55
俄罗斯立体几何问题集	2014—03	58.00	283
俄罗斯几何大师——沙雷金论数学及其他	2014—01	48.00	271
来自俄罗斯的5000道几何习题及解答	2011—03	58.00	89
俄罗斯初等数学问题集	2012—05	38.00	177
俄罗斯函数问题集	2011—03	38.00	103
俄罗斯组合分析问题集	2011—01	48.00	79
俄罗斯初等数学万题选——三角卷	2012—11	38.00	222
俄罗斯初等数学万题选——代数卷	2013—08	68.00	225
俄罗斯初等数学万题选——几何卷	2014—01	68.00	226
俄罗斯《量子》杂志数学征解问题100题选	2018—08	48.00	969
俄罗斯《量子》杂志数学征解问题又100题选	2018—08	48.00	970
俄罗斯《量子》杂志数学征解问题	2020—05	48.00	1138
463个俄罗斯几何老问题	2012—01	28.00	152
《量子》数学短文精粹	2018—09	38.00	972
用三角、解析几何等计算解来自俄罗斯的几何题	2019—11	88.00	1119
基谢廖夫平面几何	2022—01	48.00	1461
数学:代数、数学分析和几何(10—11年级)	2021—01	48.00	1250
立体几何.10—11年级	2022—01	58.00	1472
直观几何学:5—6年级	2022—04	58.00	1508
谈谈素数	2011—03	18.00	91
平方和	2011—03	18.00	92
整数论	2011—05	38.00	120
从整数谈起	2015—10	28.00	538
数与多项式	2016—01	38.00	558
谈谈不定方程	2011—05	28.00	119
质数漫谈	2022—07	68.00	1529
解析不等式新论	2009—06	68.00	48
建立不等式的方法	2011—03	98.00	104
数学奥林匹克不等式研究(第2版)	2020—07	68.00	1181
不等式研究(第二辑)	2012—02	68.00	153
不等式的秘密(第一卷)(第2版)	2014—02	38.00	286
不等式的秘密(第二卷)	2014—01	38.00	268
初等不等式的证明方法	2010—06	38.00	123
初等不等式的证明方法(第二版)	2014—11	38.00	407
不等式·理论·方法(基础卷)	2015—07	38.00	496
不等式·理论·方法(经典不等式卷)	2015—07	38.00	497
不等式·理论·方法(特殊类型不等式卷)	2015—07	48.00	498
不等式探究	2016—03	38.00	582
不等式探秘	2017—01	88.00	689
四面体不等式	2017—01	68.00	715
数学奥林匹克中常见重要不等式	2017—09	38.00	845

刘培杰数学工作室
已出版(即将出版)图书目录——初等数学

书　名	出版时间	定　价	编号
三正弦不等式	2018—09	98.00	974
函数方程与不等式:解法与稳定性结果	2019—04	68.00	1058
数学不等式.第1卷,对称多项式不等式	2022—05	78.00	1455
数学不等式.第2卷,对称有理不等式与对称无理不等式	2022—05	88.00	1456
数学不等式.第3卷,循环不等式与非循环不等式	2022—05	88.00	1457
数学不等式.第4卷,Jensen不等式的扩展与加细	2022—05	88.00	1458
数学不等式.第5卷,创建不等式与解不等式的其他方法	2022—05	88.00	1459
同余理论	2012—05	38.00	163
[x]与{x}	2015—04	48.00	476
极值与最值.上卷	2015—06	28.00	486
极值与最值.中卷	2015—06	38.00	487
极值与最值.下卷	2015—06	28.00	488
整数的性质	2012—11	38.00	192
完全平方数及其应用	2015—08	78.00	506
多项式理论	2015—10	88.00	541
奇数、偶数、奇偶分析法	2018—01	98.00	876
不定方程及其应用.上	2018—12	58.00	992
不定方程及其应用.中	2019—01	78.00	993
不定方程及其应用.下	2019—02	98.00	994
Nesbitt不等式加强式的研究	2022—06	128.00	1527
历届美国中学生数学竞赛试题及解答(第一卷)1950—1954	2014—07	18.00	277
历届美国中学生数学竞赛试题及解答(第二卷)1955—1959	2014—04	18.00	278
历届美国中学生数学竞赛试题及解答(第三卷)1960—1964	2014—04	18.00	279
历届美国中学生数学竞赛试题及解答(第四卷)1965—1969	2014—04	28.00	280
历届美国中学生数学竞赛试题及解答(第五卷)1970—1972	2014—06	18.00	281
历届美国中学生数学竞赛试题及解答(第六卷)1973—1980	2017—07	18.00	768
历届美国中学生数学竞赛试题及解答(第七卷)1981—1986	2015—01	18.00	424
历届美国中学生数学竞赛试题及解答(第八卷)1987—1990	2017—05	18.00	769
历届中国数学奥林匹克试题集(第3版)	2021—10	58.00	1440
历届加拿大数学奥林匹克试题集	2012—08	38.00	215
历届美国数学奥林匹克试题集:1972~2019	2020—04	88.00	1135
历届波兰数学竞赛试题集.第1卷,1949~1963	2015—03	18.00	453
历届波兰数学竞赛试题集.第2卷,1964~1976	2015—03	18.00	454
历届巴尔干数学奥林匹克试题集	2015—05	38.00	466
保加利亚数学奥林匹克	2014—10	38.00	393
圣彼得堡数学奥林匹克试题集	2015—01	38.00	429
匈牙利奥林匹克数学竞赛题解.第1卷	2016—05	28.00	593
匈牙利奥林匹克数学竞赛题解.第2卷	2016—05	28.00	594
历届美国数学邀请赛试题集(第2版)	2017—10	78.00	851
普林斯顿大学数学竞赛	2016—06	38.00	669
亚太地区数学奥林匹克竞赛题	2015—07	18.00	492
日本历届(初级)广中杯数学竞赛试题及解答.第1卷(2000~2007)	2016—05	28.00	641
日本历届(初级)广中杯数学竞赛试题及解答.第2卷(2008~2015)	2016—05	38.00	642
越南数学奥林匹克题选:1962—2009	2021—07	48.00	1370
360个数学竞赛问题	2016—08	58.00	677
奥数最佳实战题.上卷	2017—06	38.00	760
奥数最佳实战题.下卷	2017—05	58.00	761
哈尔滨市早期中学数学竞赛试题汇编	2016—07	28.00	672
全国高中数学联赛试题及解答:1981—2019(第4版)	2020—07	138.00	1176
2022年全国高中数学联合竞赛模拟题集	2022—06	30.00	1521
20世纪50年代全国部分城市数学竞赛试题汇编	2017—07	28.00	797

刘培杰数学工作室
已出版(即将出版)图书目录——初等数学

书　名	出版时间	定　价	编号
国内外数学竞赛题及精解:2018~2019	2020-08	45.00	1192
国内外数学竞赛题及精解:2019~2020	2021-11	58.00	1439
许康华竞赛优学精选集.第一辑	2018-08	68.00	949
天问叶班数学问题征解100题.Ⅰ,2016-2018	2019-05	88.00	1075
天问叶班数学问题征解100题.Ⅱ,2017-2019	2020-07	98.00	1177
美国初中数学竞赛:AMC8准备(共6卷)	2019-07	138.00	1089
美国高中数学竞赛:AMC10准备(共6卷)	2019-08	158.00	1105
王连笑教你怎样学数学:高考选择题解题策略与客观题实用训练	2014-01	48.00	262
王连笑教你怎样学数学:高考数学高层次讲座	2015-02	48.00	432
高考数学的理论与实践	2009-08	38.00	53
高考数学核心题型解题方法与技巧	2010-01	28.00	86
高考思维新平台	2014-03	38.00	259
高考数学压轴题解题诀窍(上)(第2版)	2018-01	58.00	874
高考数学压轴题解题诀窍(下)(第2版)	2018-01	48.00	875
北京市五区文科数学三年高考模拟题详解:2013~2015	2015-08	48.00	500
北京市五区理科数学三年高考模拟题详解:2013~2015	2015-09	68.00	505
向量法巧解数学高考题	2009-08	28.00	54
高中数学课堂教学的实践与反思	2021-11	48.00	791
数学高考参考	2016-01	78.00	589
新课程标准高考数学解答题各种题型解法指导	2020-08	78.00	1196
全国及各省市高考数学试题审题要津与解法研究	2015-02	48.00	450
高中数学章节起始课的教学研究与案例设计	2019-05	28.00	1064
新课标高考数学——五年试题分章详解(2007~2011)(上、下)	2011-10	78.00	140,141
全国中考数学压轴题审题要津与解法研究	2013-04	78.00	248
新编全国及各省市中考数学压轴题审题要津与解法研究	2014-05	58.00	342
全国及各省市5年中考数学压轴题审题要津与解法研究(2015版)	2015-04	58.00	462
中考数学专题总复习	2007-04	28.00	6
中考数学较难题常考题型解题方法与技巧	2016-09	48.00	681
中考数学难题常考题型解题方法与技巧	2016-09	48.00	682
中考数学中档题常考题型解题方法与技巧	2017-08	68.00	835
中考数学选择填空压轴好题妙解365	2017-05	38.00	759
中考数学:三类重点考题的解法例析与习题	2020-04	48.00	1140
中小学数学的历史文化	2019-11	48.00	1124
初中平面几何百题多思创新解	2020-01	58.00	1125
初中数学中考备考	2020-01	58.00	1126
高考数学之九章演义	2019-08	68.00	1044
高考数学之难题谈笑间	2022-06	68.00	1519
化学可以这样学:高中化学知识方法智慧感悟疑难辨析	2019-07	58.00	1103
如何成为学习高手	2019-09	58.00	1107
高考数学:经典真题分类解析	2020-04	78.00	1134
高考数学解答题破解策略	2020-11	58.00	1221
从分析解题过程学解题:高考压轴题与竞赛题之关系探究	2020-08	88.00	1179
教学新思考:单元整体视角下的初中数学教学设计	2021-03	58.00	1278
思维再拓展:2020年经典几何题的多解探究与思考	即将出版		1279
中考数学小压轴汇编初讲	2017-07	48.00	788
中考数学大压轴专题微言	2017-09	48.00	846
怎么解中考平面几何探索题	2019-06	48.00	1093
北京中考数学压轴题解题方法突破(第7版)	2021-11	68.00	1442
助你高考成功的数学解题智慧:知识是智慧的基础	2016-01	58.00	596
助你高考成功的数学解题智慧:错误是智慧的试金石	2016-04	58.00	643
助你高考成功的数学解题智慧:方法是智慧的推手	2016-04	68.00	657
高考数学奇思妙解	2016-04	38.00	610
高考数学解题策略	2016-05	48.00	670
数学解题泄天机(第2版)	2017-10	48.00	850

刘培杰数学工作室
已出版(即将出版)图书目录——初等数学

书　名	出版时间	定　价	编号
高考物理压轴题全解	2017—04	58.00	746
高中物理经典问题25讲	2017—05	28.00	764
高中物理教学讲义	2018—01	48.00	871
高中物理教学讲义：全模块	2022—03	98.00	1492
高中物理答疑解惑65篇	2021—11	48.00	1462
中学物理基础问题解析	2020—08	48.00	1183
2016年高考文科数学真题研究	2017—04	58.00	754
2016年高考理科数学真题研究	2017—04	78.00	755
2017年高考理科数学真题研究	2018—01	58.00	867
2017年高考文科数学真题研究	2018—01	48.00	868
初中数学、高中数学脱节知识补缺教材	2017—06	48.00	766
高考数学小题抢分必练	2017—10	48.00	834
高考数学核心素养解读	2017—09	38.00	839
高考数学客观题解题方法和技巧	2017—10	38.00	847
十年高考数学精品试题审题要津与解法研究	2021—10	98.00	1427
中国历届高考数学试题及解答.1949—1979	2018—01	38.00	877
历届中国高考数学试题及解答.第二卷,1980—1989	2018—10	28.00	975
历届中国高考数学试题及解答.第三卷,1990—1999	2018—10	48.00	976
数学文化与高考研究	2018—03	48.00	882
跟我学解高中数学题	2018—07	58.00	926
中学数学研究的方法及案例	2018—05	58.00	869
高考数学抢分技能	2018—07	68.00	934
高一新生常用数学方法和重要数学思想提升教材	2018—06	38.00	921
2018年高考数学真题研究	2019—01	68.00	1000
2019年高考数学真题研究	2020—05	88.00	1137
高考数学全国卷六道解答题常考题型解题诀窍:理科(全2册)	2019—07	78.00	1101
高考数学全国卷16道选择、填空题常考题型解题诀窍.理科	2018—09	88.00	971
高考数学全国卷16道选择、填空题常考题型解题诀窍.文科	2020—01	88.00	1123
高中数学一题多解	2019—06	58.00	1087
历届中国高考数学试题及解答:1917—1999	2021—08	98.00	1371
2000~2003年全国及各省市高考数学试题及解答	2022—05	88.00	1499
2004年全国及各省市高考数学试题及解答	2022—07	78.00	1500
突破高原：高中数学解题思维探究	2021—08	48.00	1375
高考数学中的"取值范围"	2021—10	48.00	1429
新课程标准高中数学各种题型解法大全.必修一分册	2021—06	58.00	1315
新课程标准高中数学各种题型解法大全.必修二分册	2022—01	68.00	1471
高中数学各种题型解法大全.选择性必修一分册	2022—06	68.00	1525
新编640个世界著名数学智力趣题	2014—01	88.00	242
500个最新世界著名数学智力趣题	2008—06	48.00	3
400个最新世界著名数学最值问题	2008—09	48.00	36
500个世界著名数学征解问题	2009—06	48.00	52
400个中国最佳初等数学征解老问题	2010—01	48.00	60
500个俄罗斯数学经典老题	2011—01	28.00	81
1000个国外中学物理好题	2012—04	48.00	174
300个日本高考数学题	2012—05	38.00	142
700个早期日本高考数学试题	2017—02	88.00	752
500个前苏联早期高考数学试题及解答	2012—05	28.00	185
546个早期俄罗斯大学生数学竞赛题	2014—03	38.00	285
548个来自美苏的数学好问题	2014—11	28.00	396
20所苏联著名大学早期入学试题	2015—02	18.00	452
161道德国工科大学生必做的微分方程习题	2015—05	28.00	469
500道德国工科大学生必做的高数习题	2015—06	28.00	478
360个数学竞赛问题	2016—08	58.00	677
200个趣味数学故事	2018—02	48.00	857
470个数学奥林匹克中的最值问题	2018—10	88.00	985
德国讲义日本考题.微积分卷	2015—04	48.00	456
德国讲义日本考题.微分方程卷	2015—04	38.00	457
二十世纪中叶中、英、美、日、法、俄高考数学试题精选	2017—06	38.00	783

刘培杰数学工作室
已出版(即将出版)图书目录——初等数学

书　　　名	出版时间	定　价	编号
中国初等数学研究　2009 卷(第 1 辑)	2009—05	20.00	45
中国初等数学研究　2010 卷(第 2 辑)	2010—05	30.00	68
中国初等数学研究　2011 卷(第 3 辑)	2011—07	60.00	127
中国初等数学研究　2012 卷(第 4 辑)	2012—07	48.00	190
中国初等数学研究　2014 卷(第 5 辑)	2014—02	48.00	288
中国初等数学研究　2015 卷(第 6 辑)	2015—06	68.00	493
中国初等数学研究　2016 卷(第 7 辑)	2016—04	68.00	609
中国初等数学研究　2017 卷(第 8 辑)	2017—01	98.00	712
初等数学研究在中国.第 1 辑	2019—03	158.00	1024
初等数学研究在中国.第 2 辑	2019—10	158.00	1116
初等数学研究在中国.第 3 辑	2021—05	158.00	1306
初等数学研究在中国.第 4 辑	2022—06	158.00	1520
几何变换(Ⅰ)	2014—07	28.00	353
几何变换(Ⅱ)	2015—06	28.00	354
几何变换(Ⅲ)	2015—01	38.00	355
几何变换(Ⅳ)	2015—12	38.00	356
初等数论难题集(第一卷)	2009—05	68.00	44
初等数论难题集(第二卷)(上、下)	2011—02	128.00	82,83
数论概貌	2011—03	18.00	93
代数数论(第二版)	2013—08	58.00	94
代数多项式	2014—06	38.00	289
初等数论的知识与问题	2011—02	28.00	95
超越数论基础	2011—03	28.00	96
数论初等教程	2011—03	28.00	97
数论基础	2011—03	18.00	98
数论基础与维诺格拉多夫	2014—03	18.00	292
解析数论基础	2012—08	28.00	216
解析数论基础(第二版)	2014—01	48.00	287
解析数论问题集(第二版)(原版引进)	2014—05	88.00	343
解析数论问题集(第二版)(中译本)	2016—04	88.00	607
解析数论基础(潘承洞,潘承彪著)	2016—07	98.00	673
解析数论导引	2016—07	58.00	674
数论入门	2011—03	38.00	99
代数数论入门	2015—03	38.00	448
数论开篇	2012—07	28.00	194
解析数论引论	2011—03	48.00	100
Barban Davenport Halberstam 均值和	2009—01	40.00	33
基础数论	2011—03	28.00	101
初等数论 100 例	2011—05	18.00	122
初等数论经典例题	2012—07	18.00	204
最新世界各国数学奥林匹克中的初等数论试题(上、下)	2012—01	138.00	144,145
初等数论(Ⅰ)	2012—01	18.00	156
初等数论(Ⅱ)	2012—01	18.00	157
初等数论(Ⅲ)	2012—01	28.00	158

刘培杰数学工作室
已出版(即将出版)图书目录——初等数学

书　　名	出版时间	定　价	编号
平面几何与数论中未解决的新老问题	2013—01	68.00	229
代数数论简史	2014—11	28.00	408
代数数论	2015—09	88.00	532
代数、数论及分析习题集	2016—11	98.00	695
数论导引提要及习题解答	2016—01	48.00	559
素数定理的初等证明.第2版	2016—09	48.00	686
数论中的模函数与狄利克雷级数(第二版)	2017—11	78.00	837
数论:数学导引	2018—01	68.00	849
范氏大代数	2019—02	98.00	1016
解析数学讲义.第一卷,导来式及微分、积分、级数	2019—04	88.00	1021
解析数学讲义.第二卷,关于几何的应用	2019—04	68.00	1022
解析数学讲义.第三卷,解析函数论	2019—04	78.00	1023
分析·组合·数论纵横谈	2019—04	58.00	1039
Hall代数:民国时期的中学数学课本:英文	2019—08	88.00	1106
数学精神巡礼	2019—01	58.00	731
数学眼光透视(第2版)	2017—06	78.00	732
数学思想领悟(第2版)	2018—01	68.00	733
数学方法溯源(第2版)	2018—08	68.00	734
数学解题引论	2017—05	58.00	735
数学史话览胜(第2版)	2017—01	48.00	736
数学应用展观(第2版)	2017—08	68.00	737
数学建模尝试	2018—01	48.00	738
数学竞赛采风	2018—01	68.00	739
数学测评探营	2019—05	58.00	740
数学技能操握	2018—03	48.00	741
数学欣赏拾趣	2018—02	48.00	742
从毕达哥拉斯到怀尔斯	2007—10	48.00	9
从迪利克雷到维斯卡尔迪	2008—01	48.00	21
从哥德巴赫到陈景润	2008—05	98.00	35
从庞加莱到佩雷尔曼	2011—08	138.00	136
博弈论精粹	2008—03	58.00	30
博弈论精粹.第二版(精装)	2015—01	88.00	461
数学 我爱你	2008—01	28.00	20
精神的圣徒 别样的人生——60位中国数学家成长的历程	2008—09	48.00	39
数学史概论	2009—06	78.00	50
数学史概论(精装)	2013—03	158.00	272
数学史选讲	2016—01	48.00	544
斐波那契数列	2010—02	28.00	65
数学拼盘和斐波那契魔方	2010—07	38.00	72
斐波那契数列欣赏(第2版)	2018—08	58.00	948
Fibonacci数列中的明珠	2018—06	58.00	928
数学的创造	2011—02	48.00	85
数学美与创造力	2016—01	48.00	595
数海拾贝	2016—01	48.00	590
数学中的美(第2版)	2019—04	68.00	1057
数论中的美学	2014—12	38.00	351

刘培杰数学工作室
已出版(即将出版)图书目录——初等数学

书 名	出版时间	定 价	编号
数学王者　科学巨人——高斯	2015—01	28.00	428
振兴祖国数学的圆梦之旅:中国初等数学研究史话	2015—06	98.00	490
二十世纪中国数学史料研究	2015—10	48.00	536
数字谜、数阵图与棋盘覆盖	2016—01	58.00	298
时间的形状	2016—01	38.00	556
数学发现的艺术:数学探索中的合情推理	2016—07	58.00	671
活跃在数学中的参数	2016—07	48.00	675
数海趣史	2021—05	98.00	1314
数学解题——靠数学思想给力(上)	2011—07	38.00	131
数学解题——靠数学思想给力(中)	2011—07	48.00	132
数学解题——靠数学思想给力(下)	2011—07	38.00	133
我怎样解题	2013—01	48.00	227
数学解题中的物理方法	2011—06	28.00	114
数学解题的特殊方法	2011—06	48.00	115
中学数学计算技巧(第2版)	2020—10	48.00	1220
中学数学证明方法	2012—01	58.00	117
数学趣题巧解	2012—03	28.00	128
高中数学教学通鉴	2015—05	58.00	479
和高中生漫谈:数学与哲学的故事	2014—08	28.00	369
算术问题集	2017—03	38.00	789
张教授讲数学	2018—07	38.00	933
陈永明实话实说数学教学	2020—04	68.00	1132
中学数学学科知识与教学能力	2020—06	58.00	1155
怎样把课讲好:大罕数学教学随笔	2022—03	58.00	1484
中国高考评价体系下高考数学探秘	2022—03	48.00	1487
自主招生考试中的参数方程问题	2015—01	28.00	435
自主招生考试中的极坐标问题	2015—04	28.00	463
近年全国重点大学自主招生数学试题全解及研究.华约卷	2015—02	38.00	441
近年全国重点大学自主招生数学试题全解及研究.北约卷	2016—05	38.00	619
自主招生数学解证宝典	2015—09	48.00	535
中国科学技术大学创新班数学真题解析	2022—03	48.00	1488
中国科学技术大学创新班物理真题解析	2022—03	58.00	1489
格点和面积	2012—07	18.00	191
射影几何趣谈	2012—04	28.00	175
斯潘纳尔引理——从一道加拿大数学奥林匹克试题谈起	2014—01	28.00	228
李普希兹条件——从几道近年高考数学试题谈起	2012—10	18.00	221
拉格朗日中值定理——从一道北京高考试题的解法谈起	2015—10	18.00	197
闵科夫斯基定理——从一道清华大学自主招生试题谈起	2014—01	28.00	198
哈尔测度——从一道冬令营试题的背景谈起	2012—08	28.00	202
切比雪夫逼近问题——从一道中国台北数学奥林匹克试题谈起	2013—04	38.00	238
伯恩斯坦多项式与贝齐尔曲面——从一道全国高中数学联赛试题谈起	2013—03	38.00	236
卡塔兰猜想——从一道普特南竞赛试题谈起	2013—06	18.00	256
麦卡锡函数和阿克曼函数——从一道前南斯拉夫数学奥林匹克试题谈起	2012—08	18.00	201
贝蒂定理与拉姆贝克莫斯尔定理——从一个拣石子游戏谈起	2012—08	18.00	217
皮亚诺曲线和豪斯道夫分球定理——从无限集谈起	2012—08	18.00	211
平面凸图形与凸多面体	2012—10	28.00	218
斯坦因豪斯问题——从一道二十五省市自治区中学数学竞赛试题谈起	2012—07	18.00	196

刘培杰数学工作室
已出版（即将出版）图书目录——初等数学

书　名	出版时间	定价	编号
纽结理论中的亚历山大多项式与琼斯多项式——从一道北京市高一数学竞赛试题谈起	2012—07	28.00	195
原则与策略——从波利亚"解题表"谈起	2013—04	38.00	244
转化与化归——从三大尺规作图不能问题谈起	2012—08	28.00	214
代数几何中的贝祖定理（第一版）——从一道IMO试题的解法谈起	2013—08	18.00	193
成功连贯理论与约当块理论——从一道比利时数学竞赛试题谈起	2012—04	18.00	180
素数判定与大数分解	2014—08	18.00	199
置换多项式及其应用	2012—10	18.00	220
椭圆函数与模函数——从一道美国加州大学洛杉矶分校（UCLA）博士资格考题谈起	2012—10	28.00	219
差分方程的拉格朗日方法——从一道2011年全国高考理科试题的解法谈起	2012—08	28.00	200
力学在几何中的一些应用	2013—01	38.00	240
从根式解到伽罗华理论	2020—01	48.00	1121
康托洛维奇不等式——从一道全国高中联赛试题谈起	2013—03	28.00	337
西格尔引理——从一道第18届IMO试题的解法谈起	即将出版		
罗斯定理——从一道前苏联数学竞赛试题谈起	即将出版		
拉克斯定理和阿廷定理——从一道IMO试题的解法谈起	2014—01	58.00	246
毕卡大定理——从一道美国大学数学竞赛试题谈起	2014—07	18.00	350
贝齐尔曲线——从一道全国高中联赛试题谈起	即将出版		
拉格朗日乘子定理——从一道2005年全国高中联赛试题的高等数学解法谈起	2015—05	28.00	480
雅可比定理——从一道日本数学奥林匹克试题谈起	2013—04	48.00	249
李天岩—约克定理——从一道波兰数学竞赛试题谈起	2014—06	28.00	349
整系数多项式因式分解的一般方法——从克朗耐克算法谈起	即将出版		
布劳维不动点定理——从一道前苏联数学奥林匹克试题谈起	2014—01	38.00	273
伯恩赛德定理——从一道英国数学奥林匹克试题谈起	即将出版		
布查特—莫斯特定理——从一道上海市初中竞赛试题谈起	即将出版		
数论中的同余数问题——从一道普特南竞赛试题谈起	即将出版		
范·德蒙行列式——从一道美国数学奥林匹克试题谈起	即将出版		
中国剩余定理:总数法构建中国历史年表	2015—01	28.00	430
牛顿程序与方程求根——从一道全国高考试题解法谈起	即将出版		
库默尔定理——从一道IMO预选试题谈起	即将出版		
卢丁定理——从一道冬令营试题的解法谈起	即将出版		
沃斯滕霍姆定理——从一道IMO预选试题谈起	即将出版		
卡尔松不等式——从一道莫斯科数学奥林匹克试题谈起	即将出版		
信息论中的香农熵——从一道近年高考压轴题谈起	即将出版		
约当不等式——从一道希望杯竞赛试题谈起	即将出版		
拉比诺维奇定理	即将出版		
刘维尔定理——从一道《美国数学月刊》征解问题的解法谈起	即将出版		
卡塔兰恒等式与级数求和——从一道IMO试题的解法谈起	即将出版		
勒让德猜想与素数分布——从一道爱尔兰竞赛试题谈起	即将出版		
天平称重与信息论——从一道基辅市数学奥林匹克试题谈起	即将出版		
哈密尔顿—凯莱定理:从一道高中数学联赛试题的解法谈起	2014—09	18.00	376
艾思特曼定理——从一道CMO试题的解法谈起	即将出版		

刘培杰数学工作室
已出版(即将出版)图书目录——初等数学

书 名	出版时间	定 价	编号
阿贝尔恒等式与经典不等式及应用	2018—06	98.00	923
迪利克雷除数问题	2018—07	48.00	930
幻方、幻立方与拉丁方	2019—08	48.00	1092
帕斯卡三角形	2014—03	18.00	294
蒲丰投针问题——从2009年清华大学的一道自主招生试题谈起	2014—01	38.00	295
斯图姆定理——从一道"华约"自主招生试题的解法谈起	2014—01	18.00	296
许瓦兹引理——从一道加利福尼亚大学伯克利分校数学系博士生试题谈起	2014—08	18.00	297
拉姆塞定理——从王诗宬院士的一个问题谈起	2016—04	48.00	299
坐标法	2013—12	28.00	332
数论三角形	2014—04	38.00	341
毕克定理	2014—07	18.00	352
数林掠影	2014—09	48.00	389
我们周围的概率	2014—10	38.00	390
凸函数最值定理:从一道华约自主招生题的解法谈起	2014—10	28.00	391
易学与数学奥林匹克	2014—10	38.00	392
生物数学趣谈	2015—01	18.00	409
反演	2015—01	28.00	420
因式分解与圆锥曲线	2015—01	18.00	426
轨迹	2015—01	28.00	427
面积原理:从常庚哲命的一道CMO试题的积分解法谈起	2015—01	48.00	431
形形色色的不动点定理:从一道28届IMO试题谈起	2015—01	38.00	439
柯西函数方程:从一道上海交大自主招生的试题谈起	2015—02	28.00	440
三角恒等式	2015—02	28.00	442
无理性判定:从一道2014年"北约"自主招生试题谈起	2015—01	38.00	443
数学归纳法	2015—03	18.00	451
极端原理与解题	2015—04	28.00	464
法雷级数	2014—08	18.00	367
摆线族	2015—01	38.00	438
函数方程及其解法	2015—05	38.00	470
含参数的方程和不等式	2012—09	28.00	213
希尔伯特第十问题	2016—01	38.00	543
无穷小量的求和	2016—01	28.00	545
切比雪夫多项式:从一道清华大学金秋营试题谈起	2016—01	38.00	583
泽肯多夫定理	2016—03	38.00	599
代数等式证题法	2016—01	28.00	600
三角等式证题法	2016—01	28.00	601
吴大任教授藏书中的一个因式分解公式:从一道美国数学邀请赛试题的解法谈起	2016—06	28.00	656
易卦——类万物的数学模型	2017—08	68.00	838
"不可思议"的数与数系可持续发展	2018—01	38.00	878
最短线	2018—01	38.00	879
幻方和魔方(第一卷)	2012—05	68.00	173
尘封的经典——初等数学经典文献选读(第一卷)	2012—07	48.00	205
尘封的经典——初等数学经典文献选读(第二卷)	2012—07	38.00	206
初级方程式论	2011—03	28.00	106
初等数学研究(Ⅰ)	2008—09	68.00	37
初等数学研究(Ⅱ)(上、下)	2009—05	118.00	46,47

刘培杰数学工作室
已出版(即将出版)图书目录——初等数学

书 名	出版时间	定价	编号
趣味初等方程妙题集锦	2014—09	48.00	388
趣味初等数论选美与欣赏	2015—02	48.00	445
耕读笔记(上卷):一位农民数学爱好者的初数探索	2015—04	28.00	459
耕读笔记(中卷):一位农民数学爱好者的初数探索	2015—05	28.00	483
耕读笔记(下卷):一位农民数学爱好者的初数探索	2015—05	28.00	484
几何不等式研究与欣赏.上卷	2016—01	88.00	547
几何不等式研究与欣赏.下卷	2016—01	48.00	552
初等数列研究与欣赏.上	2016—01	48.00	570
初等数列研究与欣赏.下	2016—01	48.00	571
趣味初等函数研究与欣赏.上	2016—09	48.00	684
趣味初等函数研究与欣赏.下	2018—09	48.00	685
三角不等式研究与欣赏	2020—10	68.00	1197
新编平面解析几何解题方法研究与欣赏	2021—10	78.00	1426
火柴游戏(第2版)	2022—05	38.00	1493
智力解谜.第1卷	2017—07	38.00	613
智力解谜.第2卷	2017—07	38.00	614
故事智力	2016—07	48.00	615
名人们喜欢的智力问题	2020—01	48.00	616
数学大师的发现、创造与失误	2018—01	48.00	617
异曲同工	2018—09	48.00	618
数学的味道	2018—01	58.00	798
数学千字文	2018—10	68.00	977
数贝偶拾——高考数学题研究	2014—04	28.00	274
数贝偶拾——初等数学研究	2014—04	38.00	275
数贝偶拾——奥数题研究	2014—04	48.00	276
钱昌本教你快乐学数学(上)	2011—12	48.00	155
钱昌本教你快乐学数学(下)	2012—03	58.00	171
集合、函数与方程	2014—01	28.00	300
数列与不等式	2014—01	38.00	301
三角与平面向量	2014—01	28.00	302
平面解析几何	2014—01	38.00	303
立体几何与组合	2014—01	28.00	304
极限与导数、数学归纳法	2014—01	38.00	305
趣味数学	2014—03	28.00	306
教材教法	2014—04	68.00	307
自主招生	2014—05	58.00	308
高考压轴题(上)	2015—01	48.00	309
高考压轴题(下)	2014—10	68.00	310
从费马到怀尔斯——费马大定理的历史	2013—10	198.00	I
从庞加莱到佩雷尔曼——庞加莱猜想的历史	2013—10	298.00	II
从切比雪夫到爱尔特希(上)——素数定理的初等证明	2013—07	48.00	III
从切比雪夫到爱尔特希(下)——素数定理100年	2012—12	98.00	III
从高斯到盖尔方特——二次域的高斯猜想	2013—10	198.00	IV
从库默尔到朗兰兹——朗兰兹猜想的历史	2014—01	98.00	V
从比勒巴赫到德布朗斯——比勒巴赫猜想的历史	2014—02	298.00	VI
从麦比乌斯到陈省身——麦比乌斯变换与麦比乌斯带	2014—02	298.00	VII
从布尔到豪斯道夫——布尔方程与格论漫谈	2013—10	198.00	VIII
从开普勒到阿诺德——三体问题的历史	2014—05	298.00	IX
从华林到华罗庚——华林问题的历史	2013—10	298.00	X

刘培杰数学工作室
已出版(即将出版)图书目录——初等数学

书　名	出版时间	定　价	编号
美国高中数学竞赛五十讲.第1卷(英文)	2014-08	28.00	357
美国高中数学竞赛五十讲.第2卷(英文)	2014-08	28.00	358
美国高中数学竞赛五十讲.第3卷(英文)	2014-09	28.00	359
美国高中数学竞赛五十讲.第4卷(英文)	2014-09	28.00	360
美国高中数学竞赛五十讲.第5卷(英文)	2014-10	28.00	361
美国高中数学竞赛五十讲.第6卷(英文)	2014-11	28.00	362
美国高中数学竞赛五十讲.第7卷(英文)	2014-12	28.00	363
美国高中数学竞赛五十讲.第8卷(英文)	2015-01	28.00	364
美国高中数学竞赛五十讲.第9卷(英文)	2015-01	28.00	365
美国高中数学竞赛五十讲.第10卷(英文)	2015-02	38.00	366
三角函数(第2版)	2017-04	38.00	626
不等式	2014-01	38.00	312
数列	2014-01	38.00	313
方程(第2版)	2017-04	38.00	624
排列和组合	2014-01	28.00	315
极限与导数(第2版)	2016-04	38.00	635
向量(第2版)	2018-08	58.00	627
复数及其应用	2014-08	28.00	318
函数	2014-01	38.00	319
集合	2020-01	48.00	320
直线与平面	2014-01	28.00	321
立体几何(第2版)	2016-04	38.00	629
解三角形	即将出版		323
直线与圆(第2版)	2016-11	38.00	631
圆锥曲线(第2版)	2016-09	48.00	632
解题通法(一)	2014-07	38.00	326
解题通法(二)	2014-07	38.00	327
解题通法(三)	2014-05	38.00	328
概率与统计	2014-01	28.00	329
信息迁移与算法	即将出版		330
IMO 50年.第1卷(1959-1963)	2014-11	28.00	377
IMO 50年.第2卷(1964-1968)	2014-11	28.00	378
IMO 50年.第3卷(1969-1973)	2014-09	28.00	379
IMO 50年.第4卷(1974-1978)	2016-04	38.00	380
IMO 50年.第5卷(1979-1984)	2015-04	38.00	381
IMO 50年.第6卷(1985-1989)	2015-04	58.00	382
IMO 50年.第7卷(1990-1994)	2016-01	48.00	383
IMO 50年.第8卷(1995-1999)	2016-06	38.00	384
IMO 50年.第9卷(2000-2004)	2015-04	58.00	385
IMO 50年.第10卷(2005-2009)	2016-01	48.00	386
IMO 50年.第11卷(2010-2015)	2017-03	48.00	646

刘培杰数学工作室
已出版（即将出版）图书目录——初等数学

书　　名	出版时间	定　价	编号
数学反思(2006—2007)	2020—09	88.00	915
数学反思(2008—2009)	2019—01	68.00	917
数学反思(2010—2011)	2018—05	58.00	916
数学反思(2012—2013)	2019—01	58.00	918
数学反思(2014—2015)	2019—03	78.00	919
数学反思(2016—2017)	2021—03	58.00	1286
历届美国大学生数学竞赛试题集.第一卷(1938—1949)	2015—01	28.00	397
历届美国大学生数学竞赛试题集.第二卷(1950—1959)	2015—01	28.00	398
历届美国大学生数学竞赛试题集.第三卷(1960—1969)	2015—01	28.00	399
历届美国大学生数学竞赛试题集.第四卷(1970—1979)	2015—01	18.00	400
历届美国大学生数学竞赛试题集.第五卷(1980—1989)	2015—01	28.00	401
历届美国大学生数学竞赛试题集.第六卷(1990—1999)	2015—01	28.00	402
历届美国大学生数学竞赛试题集.第七卷(2000—2009)	2015—08	18.00	403
历届美国大学生数学竞赛试题集.第八卷(2010—2012)	2015—01	18.00	404
新课标高考数学创新题解题诀窍:总论	2014—09	28.00	372
新课标高考数学创新题解题诀窍:必修1～5分册	2014—08	38.00	373
新课标高考数学创新题解题诀窍:选修2－1,2－2,1－1,1－2分册	2014—09	38.00	374
新课标高考数学创新题解题诀窍:选修2－3,4－4,4－5分册	2014—09	18.00	375
全国重点大学自主招生英文数学试题全攻略:词汇卷	2015—07	48.00	410
全国重点大学自主招生英文数学试题全攻略:概念卷	2015—01	28.00	411
全国重点大学自主招生英文数学试题全攻略:文章选读卷(上)	2016—09	38.00	412
全国重点大学自主招生英文数学试题全攻略:文章选读卷(下)	2017—01	58.00	413
全国重点大学自主招生英文数学试题全攻略:试题卷	2015—07	38.00	414
全国重点大学自主招生英文数学试题全攻略:名著欣赏卷	2017—03	48.00	415
劳埃德数学趣题大全.题目卷.1:英文	2016—01	18.00	516
劳埃德数学趣题大全.题目卷.2:英文	2016—01	18.00	517
劳埃德数学趣题大全.题目卷.3:英文	2016—01	18.00	518
劳埃德数学趣题大全.题目卷.4:英文	2016—01	18.00	519
劳埃德数学趣题大全.题目卷.5:英文	2016—01	18.00	520
劳埃德数学趣题大全.答案卷:英文	2016—01	18.00	521
李成章教练奥数笔记.第1卷	2016—01	48.00	522
李成章教练奥数笔记.第2卷	2016—01	48.00	523
李成章教练奥数笔记.第3卷	2016—01	38.00	524
李成章教练奥数笔记.第4卷	2016—01	38.00	525
李成章教练奥数笔记.第5卷	2016—01	38.00	526
李成章教练奥数笔记.第6卷	2016—01	38.00	527
李成章教练奥数笔记.第7卷	2016—01	38.00	528
李成章教练奥数笔记.第8卷	2016—01	48.00	529
李成章教练奥数笔记.第9卷	2016—01	28.00	530

刘培杰数学工作室
已出版(即将出版)图书目录——初等数学

书 名	出版时间	定 价	编号
第19～23届"希望杯"全国数学邀请赛试题审题要津详细评注(初一版)	2014—03	28.00	333
第19～23届"希望杯"全国数学邀请赛试题审题要津详细评注(初二、初三版)	2014—03	38.00	334
第19～23届"希望杯"全国数学邀请赛试题审题要津详细评注(高一版)	2014—03	28.00	335
第19～23届"希望杯"全国数学邀请赛试题审题要津详细评注(高二版)	2014—03	38.00	336
第19～25届"希望杯"全国数学邀请赛试题审题要津详细评注(初一版)	2015—01	38.00	416
第19～25届"希望杯"全国数学邀请赛试题审题要津详细评注(初二、初三版)	2015—01	58.00	417
第19～25届"希望杯"全国数学邀请赛试题审题要津详细评注(高一版)	2015—01	48.00	418
第19～25届"希望杯"全国数学邀请赛试题审题要津详细评注(高二版)	2015—01	48.00	419
物理奥林匹克竞赛大题典——力学卷	2014—11	48.00	405
物理奥林匹克竞赛大题典——热学卷	2014—04	28.00	339
物理奥林匹克竞赛大题典——电磁学卷	2015—07	48.00	406
物理奥林匹克竞赛大题典——光学与近代物理卷	2014—06	28.00	345
历届中国东南地区数学奥林匹克试题集(2004～2012)	2014—06	18.00	346
历届中国西部地区数学奥林匹克试题集(2001～2012)	2014—07	18.00	347
历届中国女子数学奥林匹克试题集(2002～2012)	2014—08	18.00	348
数学奥林匹克在中国	2014—06	98.00	344
数学奥林匹克问题集	2014—01	38.00	267
数学奥林匹克不等式散论	2010—06	38.00	124
数学奥林匹克不等式欣赏	2011—09	38.00	138
数学奥林匹克超级题库(初中卷上)	2010—01	58.00	66
数学奥林匹克不等式证明方法和技巧(上、下)	2011—08	158.00	134,135
他们学什么:原民主德国中学数学课本	2016—09	38.00	658
他们学什么:英国中学数学课本	2016—09	38.00	659
他们学什么:法国中学数学课本.1	2016—09	38.00	660
他们学什么:法国中学数学课本.2	2016—09	28.00	661
他们学什么:法国中学数学课本.3	2016—09	38.00	662
他们学什么:苏联中学数学课本	2016—09	28.00	679
高中数学题典——集合与简易逻辑·函数	2016—07	48.00	647
高中数学题典——导数	2016—07	48.00	648
高中数学题典——三角函数·平面向量	2016—07	48.00	649
高中数学题典——数列	2016—07	58.00	650
高中数学题典——不等式·推理与证明	2016—07	38.00	651
高中数学题典——立体几何	2016—07	48.00	652
高中数学题典——平面解析几何	2016—07	78.00	653
高中数学题典——计数原理·统计·概率·复数	2016—07	48.00	654
高中数学题典——算法·平面几何·初等数论·组合数学·其他	2016—07	68.00	655

刘培杰数学工作室
已出版(即将出版)图书目录——初等数学

书 名	出版时间	定 价	编号
台湾地区奥林匹克数学竞赛试题.小学一年级	2017—03	38.00	722
台湾地区奥林匹克数学竞赛试题.小学二年级	2017—03	38.00	723
台湾地区奥林匹克数学竞赛试题.小学三年级	2017—03	38.00	724
台湾地区奥林匹克数学竞赛试题.小学四年级	2017—03	38.00	725
台湾地区奥林匹克数学竞赛试题.小学五年级	2017—03	38.00	726
台湾地区奥林匹克数学竞赛试题.小学六年级	2017—03	38.00	727
台湾地区奥林匹克数学竞赛试题.初中一年级	2017—03	38.00	728
台湾地区奥林匹克数学竞赛试题.初中二年级	2017—03	38.00	729
台湾地区奥林匹克数学竞赛试题.初中三年级	2017—03	28.00	730
不等式证题法	2017—04	28.00	747
平面几何培优教程	2019—08	88.00	748
奥数鼎级培优教程.高一分册	2018—09	88.00	749
奥数鼎级培优教程.高二分册.上	2018—04	68.00	750
奥数鼎级培优教程.高二分册.下	2018—04	68.00	751
高中数学竞赛冲刺宝典	2019—04	68.00	883
初中尖子生数学超级题典.实数	2017—07	58.00	792
初中尖子生数学超级题典.式、方程与不等式	2017—08	58.00	793
初中尖子生数学超级题典.圆、面积	2017—08	38.00	794
初中尖子生数学超级题典.函数、逻辑推理	2017—08	48.00	795
初中尖子生数学超级题典.角、线段、三角形与多边形	2017—07	58.00	796
数学王子——高斯	2018—01	48.00	858
坎坷奇星——阿贝尔	2018—01	48.00	859
闪烁奇星——伽罗瓦	2018—01	58.00	860
无穷统帅——康托尔	2018—01	48.00	861
科学公主——柯瓦列夫斯卡娅	2018—01	48.00	862
抽象代数之母——埃米·诺特	2018—01	48.00	863
电脑先驱——图灵	2018—01	58.00	864
昔日神童——维纳	2018—01	48.00	865
数坛怪侠——爱尔特希	2018—01	68.00	866
传奇数学家徐利治	2019—09	88.00	1110
当代世界中的数学.数学思想与数学基础	2019—01	38.00	892
当代世界中的数学.数学问题	2019—01	38.00	893
当代世界中的数学.应用数学与数学应用	2019—01	38.00	894
当代世界中的数学.数学王国的新疆域(一)	2019—01	38.00	895
当代世界中的数学.数学王国的新疆域(二)	2019—01	38.00	896
当代世界中的数学.数林撷英(一)	2019—01	38.00	897
当代世界中的数学.数林撷英(二)	2019—01	48.00	898
当代世界中的数学.数学之路	2019—01	38.00	899

刘培杰数学工作室
已出版(即将出版)图书目录——初等数学

书　名	出版时间	定　价	编号
105个代数问题:来自AwesomeMath夏季课程	2019—02	58.00	956
106个几何问题:来自AwesomeMath夏季课程	2020—07	58.00	957
107个几何问题:来自AwesomeMath全年课程	2020—07	58.00	958
108个代数问题:来自AwesomeMath全年课程	2019—01	68.00	959
109个不等式:来自AwesomeMath夏季课程	2019—04	58.00	960
国际数学奥林匹克中的110个几何问题	即将出版		961
111个代数和数论问题	2019—05	58.00	962
112个组合问题:来自AwesomeMath夏季课程	2019—05	58.00	963
113个几何不等式:来自AwesomeMath夏季课程	2020—08	58.00	964
114个指数和对数问题:来自AwesomeMath夏季课程	2019—09	48.00	965
115个三角问题:来自AwesomeMath夏季课程	2019—09	58.00	966
116个代数不等式:来自AwesomeMath全年课程	2019—04	58.00	967
117个多项式问题:来自AwesomeMath夏季课程	2021—09	58.00	1409
118个数学竞赛不等式	2022—08	78.00	1526
紫色彗星国际数学竞赛试题	2019—02	58.00	999
数学竞赛中的数学:为数学爱好者、父母、教师和教练准备的丰富资源.第一部	2020—04	58.00	1141
数学竞赛中的数学:为数学爱好者、父母、教师和教练准备的丰富资源.第二部	2020—07	48.00	1142
和与积	2020—10	38.00	1219
数论:概念和问题	2020—12	68.00	1257
初等数学问题研究	2021—03	48.00	1270
数学奥林匹克中的欧几里得几何	2021—10	68.00	1413
数学奥林匹克题解新编	2022—01	58.00	1430
澳大利亚中学数学竞赛试题及解答(初级卷)1978~1984	2019—02	28.00	1002
澳大利亚中学数学竞赛试题及解答(初级卷)1985~1991	2019—02	28.00	1003
澳大利亚中学数学竞赛试题及解答(初级卷)1992~1998	2019—02	28.00	1004
澳大利亚中学数学竞赛试题及解答(初级卷)1999~2005	2019—02	28.00	1005
澳大利亚中学数学竞赛试题及解答(中级卷)1978~1984	2019—02	28.00	1006
澳大利亚中学数学竞赛试题及解答(中级卷)1985~1991	2019—03	28.00	1007
澳大利亚中学数学竞赛试题及解答(中级卷)1992~1998	2019—03	28.00	1008
澳大利亚中学数学竞赛试题及解答(中级卷)1999~2005	2019—03	28.00	1009
澳大利亚中学数学竞赛试题及解答(高级卷)1978~1984	2019—05	28.00	1010
澳大利亚中学数学竞赛试题及解答(高级卷)1985~1991	2019—05	28.00	1011
澳大利亚中学数学竞赛试题及解答(高级卷)1992~1998	2019—05	28.00	1012
澳大利亚中学数学竞赛试题及解答(高级卷)1999~2005	2019—05	28.00	1013
天才中小学生智力测验题.第一卷	2019—03	38.00	1026
天才中小学生智力测验题.第二卷	2019—03	38.00	1027
天才中小学生智力测验题.第三卷	2019—03	38.00	1028
天才中小学生智力测验题.第四卷	2019—03	38.00	1029
天才中小学生智力测验题.第五卷	2019—03	38.00	1030
天才中小学生智力测验题.第六卷	2019—03	38.00	1031
天才中小学生智力测验题.第七卷	2019—03	38.00	1032
天才中小学生智力测验题.第八卷	2019—03	38.00	1033
天才中小学生智力测验题.第九卷	2019—03	38.00	1034
天才中小学生智力测验题.第十卷	2019—03	38.00	1035
天才中小学生智力测验题.第十一卷	2019—03	38.00	1036
天才中小学生智力测验题.第十二卷	2019—03	38.00	1037
天才中小学生智力测验题.第十三卷	2019—03	38.00	1038

刘培杰数学工作室
已出版(即将出版)图书目录——初等数学

书　名	出版时间	定　价	编号
重点大学自主招生数学备考全书:函数	2020—05	48.00	1047
重点大学自主招生数学备考全书:导数	2020—08	48.00	1048
重点大学自主招生数学备考全书:数列与不等式	2019—10	78.00	1049
重点大学自主招生数学备考全书:三角函数与平面向量	2020—08	68.00	1050
重点大学自主招生数学备考全书:平面解析几何	2020—07	58.00	1051
重点大学自主招生数学备考全书:立体几何与平面几何	2019—08	48.00	1052
重点大学自主招生数学备考全书:排列组合·概率统计·复数	2019—09	48.00	1053
重点大学自主招生数学备考全书:初等数论与组合数学	2019—08	48.00	1054
重点大学自主招生数学备考全书:重点大学自主招生真题.上	2019—04	68.00	1055
重点大学自主招生数学备考全书:重点大学自主招生真题.下	2019—04	58.00	1056
高中数学竞赛培训教程:平面几何问题的求解方法与策略.上	2018—05	68.00	906
高中数学竞赛培训教程:平面几何问题的求解方法与策略.下	2018—06	78.00	907
高中数学竞赛培训教程:整除与同余以及不定方程	2018—01	88.00	908
高中数学竞赛培训教程:组合计数与组合极值	2018—04	48.00	909
高中数学竞赛培训教程:初等代数	2019—04	78.00	1042
高中数学讲座:数学竞赛基础教程(第一册)	2019—06	48.00	1094
高中数学讲座:数学竞赛基础教程(第二册)	即将出版		1095
高中数学讲座:数学竞赛基础教程(第三册)	即将出版		1096
高中数学讲座:数学竞赛基础教程(第四册)	即将出版		1097
新编中学数学解题方法1000招丛书.实数(初中版)	2022—05	58.00	1291
新编中学数学解题方法1000招丛书.式(初中版)	2022—05	48.00	1292
新编中学数学解题方法1000招丛书.方程与不等式(初中版)	2021—04	58.00	1293
新编中学数学解题方法1000招丛书.函数(初中版)	2022—05	38.00	1294
新编中学数学解题方法1000招丛书.角(初中版)	2022—05	48.00	1295
新编中学数学解题方法1000招丛书.线段(初中版)	2022—05	48.00	1296
新编中学数学解题方法1000招丛书.三角形与多边形(初中版)	2021—04	48.00	1297
新编中学数学解题方法1000招丛书.圆(初中版)	2022—05	48.00	1298
新编中学数学解题方法1000招丛书.面积(初中版)	2021—07	28.00	1299
新编中学数学解题方法1000招丛书.逻辑推理(初中版)	2022—06	48.00	1300
高中数学题典精编.第一辑.函数	2022—01	58.00	1444
高中数学题典精编.第一辑.导数	2022—01	68.00	1445
高中数学题典精编.第一辑.三角函数·平面向量	2022—01	68.00	1446
高中数学题典精编.第一辑.数列	2022—01	58.00	1447
高中数学题典精编.第一辑.不等式·推理与证明	2022—01	58.00	1448
高中数学题典精编.第一辑.立体几何	2022—01	58.00	1449
高中数学题典精编.第一辑.平面解析几何	2022—01	68.00	1450
高中数学题典精编.第一辑.统计·概率·平面几何	2022—01	58.00	1451
高中数学题典精编.第一辑.初等数论·组合数学·数学文化·解题方法	2022—01	58.00	1452

联系地址:哈尔滨市南岗区复华四道街10号　哈尔滨工业大学出版社刘培杰数学工作室
网　　址:http://lpj.hit.edu.cn/
邮　　编:150006
联系电话:0451—86281378　　13904613167
E-mail:lpj1378@163.com